콕 찍어 떠나는 8도
야생화 풍경기행

| 일러두기 |

- 지역별·월별 출사지에 명시한 장소들은 차량이 진입할 수 있는 곳이다. 단, 촬영지점이 산꼭대기나 계곡 등 차량이 진입할 수 없는 위치인 경우에는 내비게이션에 주소를 입력해도 엉뚱한 곳으로 안내되므로, 촬영지점에서 가깝고 주차가 가능한 곳을 기재하였다.

- 일출 및 일몰은 11월부터 이듬해 2월까지가 출사의 적기이지만, 여명 및 노을은 1년 내내 촬영이 가능하다. 각 지역의 일출 및 일몰 장소에서 맑은 하늘에 뭉게구름, 새털구름이 보인다면 아름다운 작품을 담을 수 있다.

- 근교는 당일 출사가 가능하도록 야생화와 풍경 출사지를 정리하였으니, 연계하여 보면 야생화뿐 아니라 일출과 일몰까지도 담을 수 있다.

- 마지막으로, 출사 시 눈살을 찌푸리게 하는 행동은 삼가기를 당부 드린다. 서로 양보하고 배려하는 마음으로 항상 즐겁고 행복한 출사여행이 되기를, 또한 대작을 담기를 바란다.

콕 찍어 떠나는 8도
야생화 풍경기행

초판인쇄 | 2018년 5월 04일
초판발행 | 2018년 5월 10일

지 은 이 | 유병구·백태현
펴 낸 이 | 고명흠
펴 낸 곳 | 푸른행복

출판등록 | 2010년 1월 22일 제312-2010-000007호
주   소 | 경기도 고양시 덕양구 통일로 140(동산동)
            삼송테크노밸리 B동 329호
전   화 | (02)3216-8401 / FAX (02)3216-8404
E-MAIL | munyei21@hanmail.net
홈페이지 | www.munyei.com

ISBN 979-11-5637-086-4 (13480)

* 이 책의 내용을 저작권자의 허락없이 복제, 복사 이용, 무단전재하는 행위는 법으로 금지되어 있습니다.
* 잘못된 책은 바꾸어 드리겠습니다.
* 이 도서의 국립중앙도서관 출판예정도서목록(CIP)은 서지정보유통지원시스템 홈페이지(http://seoji.nl.go.kr)와 국가자료공동목록시스템(http://www.nl.go.kr/kolisnet)에서 이용하실 수 있습니다.
  (CIP제어번호: CIP2018013022)

콕 찍어 떠나는 8도
야생화 풍경기행

유병구
백태현 글·사진

푸른행복

머리말

사람의 손이 닿지 않아도 야생에서 스스로 피고 자라는 꽃, 야생화! 비록 뿌리내린 자리에서 미동조차 할 수 없지만, 그 어여쁜 모습과 빛깔은 나름의 이유를 가진 강한 생명력의 결과이다. 늘 평온하지만은 않은 거친 환경 속에서 살아가는 그 여린 모습 뒤로 강인한 숨결을 느낄 수 있다. 야생화는 나무에 달린 꽃을 제외하면 대부분 키가 작아서 허리를 굽히거나 땅바닥에 엎드려야만 자세히 볼 수 있다. 살얼음을 뚫고 제일 먼저 봄을 알린다는 노란 '복수초', 바위틈에서만 자라는 '바위솔'이 있는가 하면, 습기가 많은 땅에서 자라는 '물매화', 고산지 대에서만 자라는 '바람꽃', 기름진 양지의 나무 밑에서 자라는 '노루귀', 바닷가에서 자라는 '해국' 등등. 세계에서 유일하게 우리나라에서만 자라는 '동강할미꽃'은 동강 유역의 화강암에서만 자란다. 야생화는 아무리 좋은 토양과 양분을 제공한다고 해도 인위적인 환경에서는 잘 자라지 못한다. 이러한 야생화들에는 현재의 그 자리가 최적의 생육조건인 것이다. 그러니 개인적인 욕심을 내세워 함부로 야생화를 훼손하는 일은 없어야 한다.

아직은 사계절이 뚜렷한 우리나라에는 야생화를 포함해 4,600여 종의 식물들이 자생한다. 언 땅을 힘겹게 뚫고 나와 봄이 머지않았음을 알리기도 하고, 형형색색의 꽃·잎·열매로 여름의 녹음방초를 연출하기도 하며, 가을의 산자락을 울긋불긋 수놓는가 하면, 겨울 산에서 가지마다 새하얀 눈을 인 채 설경을 완성한다. 사계절 내내 절경을 뽐내는 대둔산, 임진강 주상절리의 담쟁이덩굴 단풍, 초록으로 물든 영월 상동의 이끼계곡, 철길을 따라 활짝 핀 매화가 아름다운 양산 원동, 한 폭의 산수화에 그려진 화룡점정 같은 안동 고산정의 풍경, 모래재 메타세쿼이아 가로수길, 수면을 따라 데칼코마니 풍경을 그려내는 서산 용유지, 달도 머물다 갈 만큼 경치가 빼어나다는 월류봉 등등이 그러하다. 비단 야생식물들이 그려낸 풍경만이 아니다. 우리나라에는 자연 또는 자연과 사람이 함께 만들어낸 장관을 이루는 비경들도 부지기수이다. 함양의 S라인 굽잇길 지안재, 부용대에서 바라본 안동 하회마을 전경, 순천만 습지, 지리산 뱀사골 실비단폭포, 악어 떼가 우글거리는 듯 보이는 악어섬, 한반도 지형을 닮은 정선 병방치 물돌이 등등 손꼽을 수조차 없다.

필자는 30대 초반부터 이러한 풍경들을 카메라에 담기 시작하였고, 15년여 동안 산과 들로 다니면서 야생화를 탐사하였다. 초기에는 위치 정보가 전무하여 경험 많은 사진작가들을 모시고 다니면서 풍경 사진을 촬영하였다. 그 후 산과 들로 다니며 야생화를 관찰하고 동호회 활동도 하면서 지식을 쌓게 되었으며, 현재도 여러 곳의 야생화 및 풍경 동호회에서 활동하고 있다. 최근 들어 필자와 같이 풍경 또는 야생화를 카메라에 담고자 하는 사진작가들이나 동호회 활동을 하는 사람들이 급증하고 있다. 야생화를 탐사하고 사진으로 담아내기 위해서는 초기에 야생화에 관한 기본 정보를 공부하는 것이 필요한데, 이를 위해 책을 볼 수도 있지만 학문적 목적이 아니라면 풍경 및 야생화 기행 사이트나

카페에 가입하여 활동하는 것도 하나의 방법이 될 수 있기 때문이다. 가까운 식물원이나 수목원 등에 가보는 것도 도움이 될 수 있다. 예를 들면 연못이나 늪지에서 자라는 수중식물인 순채는 오전에 개화하고, 각시수련은 오후에 개화한다. 이와 같은 야생화의 기본적인 생태특징을 모르면 제아무리 아름다운 꽃이라도 그 모습을 카메라에 담을 수 없다. 아울러 알아두어야 할 것은, 지구온난화로 인한 이상 기온으로 해마다 야생화의 개화시기가 많게는 10여 일까지 달라질 수 있다는 것이며, 또 단풍드는 시기나 눈 오는 시기 등도 해마다 다를 수 있으니 참고하기 바란다. 덧붙여, 이 책에 수록된 사진들은 모두 수동 모드를 이용하여 담았기에 별도로 촬영 사진에 대하여는 설명하지 않겠다. 왜냐하면 카메라 기능별로 사진가나 작가들이 선호하는 방식이 다르기 때문이다. 사진을 많이 담아보면서 원하는 구도와 카메라 기능을 최대한 활용한다면 훌륭한 사진을 얻을 것이다.

    필자는 이 책을 출간하기에 앞서 많은 고심을 하였다. 그 이유는 야생화의 자생지 위치나 정보의 노출에 대한 식물학자들의 반대 의견이 많았기 때문이다. 필자 또한 야생화의 자생지 보호가 필요하다는 것을 잘 알고 있는 만큼, 야생화를 보호하고자 하는 그분들의 의견을 존중하여 멸종위기식물이나 희귀식물 또는 자생지가 몇 군데에 불과한 야생화는 대략적인 위치만 기재하였다. 야생화는 말 그대로 야생의 환경에서 둥지를 틀고 꽃을 피우는데, 몰지각한 사람들이 대수롭지 않게 여겨 쉽게 훼손하거나 심지어 취미생활 또는 판매 목적으로 야생화를 몰래 채취함으로써 자생지에서 점점 보기 어렵게 되기 때문이다. 부디 이 책의 독자들은 자생지 보호를 위하여 절대로 야생화를 훼손하거나 주변 환경을 해치는 행동은 하지 않기를 당부한다.

    이 책에는 멸종위기 야생식물, 특산식물, 희귀식물, 천연기념물 등으로 지정된 종들을 포함해 우리나라 전국 8도의 산야에서 볼 수 있는 야생화 440여 종과, 버킷리스트 여행 장소로 추천할 만큼 멋진 장관을 연출해내는 명소의 풍경 사진 41컷이 담겨 있다. 특별히 이 책에는 최근 5년 내에 촬영한 사진들로만 실었다. 8도의 지역별로 관찰할 수 있는 야생화들로 대별하고 이를 다시 월별로 세분하여 구성하였고, 이에 따른 지역별·월별 야생화 출사지 약 1,100곳과 풍경 출사지 약 600곳의 정보를 수록하였다. 아울러 야생화에 얽힌 이야기나 생태특성까지 수록하여 사실상 화첩 겸 실용서의 기능까지도 가능하도록 하였다.

    야생화 사진작가로서 첫발을 떼기 위해 덜렁 카메라 하나 둘러메고 길을 나섰던 젊은 시절이 필자에게도 있다. 그때 막상 출사지를 몰라 전전긍긍하던 기억을 떠올리며 기꺼운 마음으로 이 책을 출간하게 된 것이므로, 이제 막 사진작가의 길로 들어섰거나 사진에 관심이 많은 분 등 야생화를 사랑하는 모든 분들에게 작게나마 도움이 되기를 바란다.

2018년 4월

봄꽃 출사 여행 중에 *대포 저자* 씀

C/O/N/T/E/N/T/S

머리말 / 4

서울·인천·경기도 야생화+풍경기행

3월 출사시기 및 장소	12
너도바람꽃	14
4월 출사시기 및 장소	20
깽깽이풀	24
금낭화	30
5월 출사시기 및 장소	38
왕제비꽃	40
광릉요강꽃	46
6월 출사시기 및 장소	52
옥잠난초	54
7월 출사시기 및 장소	60
개정향풀	61
구실바위취	66
8월 출사시기 및 장소	70
어리연꽃	72
금강초롱꽃	80
9월 출사시기 및 장소	86
분홍장구채	88
지채	94
10월 출사시기 및 장소	104
산국	106

강원도 야생화+풍경기행

1~3월 출사시기 및 장소	118
동강할미꽃	120
4월 출사시기 및 장소	128
처녀치마	130
한계령풀	136
5월 출사시기 및 장소	140
개벼룩	143
삼수개미자리	148
6월 출사시기 및 장소	154
민백미꽃	156
참좁쌀풀	164
7월 출사시기 및 장소	172
큰바늘꽃	175
솔나리	182
8월 출사시기 및 장소	190
산오이풀	193
흰등근이질풀	200
9월 출사시기 및 장소	208
투구꽃	210
쑥부쟁이	216
10~11월 출사시기 및 장소	222
물매화	225
바위솔	232

부산·경상남도
야생화+풍경기행

3~4월 출사시기 및 장소	242
매실나무	244
남바람꽃	250
5월 출사시기 및 장소	258
철쭉	260
6월 출사시기 및 장소	268
좀끈끈이주걱	270
칠보치마	276
7~8월 출사시기 및 장소	282
갯패랭이꽃	284
털향유	288
부산꼬리풀	292
9월 출사시기 및 장소	302
누린내풀	303
10월 출사시기 및 장소	310
자주쓴풀	312
긴꽃며느리밥풀	316

대구·울산·경상북도
야생화+풍경기행

3~4월 출사시기 및 장소	324
현호색	326
광대나물	332
5월 출사시기 및 장소	338
갯봄맞이	340
6월 출사시기 및 장소	346
으름난초	347
7월 출사시기 및 장소	354
남가새	356
8~9월 출사시기 및 장소	362
홍도까치수염	364
둥근잎꿩의비름	370
10월 출사시기 및 장소	378
연화바위솔	379

광주·전라남도
야생화+풍경기행

1~3월 출사시기 및 장소	390
산수유	392
4월 출사시기 및 장소	400
벚나무	401
5~6월 출사시기 및 장소	406
한라새둥지란	408
복주머니란	414
7월 출사시기 및 장소	420
지네발란	422
8월 출사시기 및 장소	428
배롱나무	429
9~11월 출사시기 및 장소	434
석산	436

전라북도
야생화+풍경기행

1~3월 출사시기 및 장소	448
보춘화	450
4~5월 출사시기 및 장소	456
노랑붓꽃	458
백양더부살이	462
6~7월 출사시기 및 장소	470
큰방울새란	472
참나리	478
8~9월 출사시기 및 장소	486
위도상사화	488
전주물꼬리풀	492
10~12월 출사시기 및 장소	498
감국	500

대전·충청남도
야생화+풍경기행

2~3월 출사시기 및 장소	510
노루귀	512
4월 출사시기 및 장소	518
금오족도리풀	520
새우난초	526
5월 출사시기 및 장소	532
반디지치	533
6월 출사시기 및 장소	538
매화노루발	540
병아리난초	546
7월 출사시기 및 장소	550
먹년출	552
8~9월 출사시기 및 장소	558
사철란	560
꽃여뀌	564
해국	570
10~11월 출사시기 및 장소	576
호자덩굴	578

충청북도
야생화+풍경기행

2~4월 출사시기 및 장소	588
노랑할미꽃	590
조개나물	594
앵초	598
5~6월 출사시기 및 장소	606
광릉골무꽃	607
자란초	610
7~9월 출사시기 및 장소	614
왕과	616
흰뻐꾹나리	622
미색물봉선	628
10~11월 출사시기 및 장소	632
가는잎향유	634
산부추	638

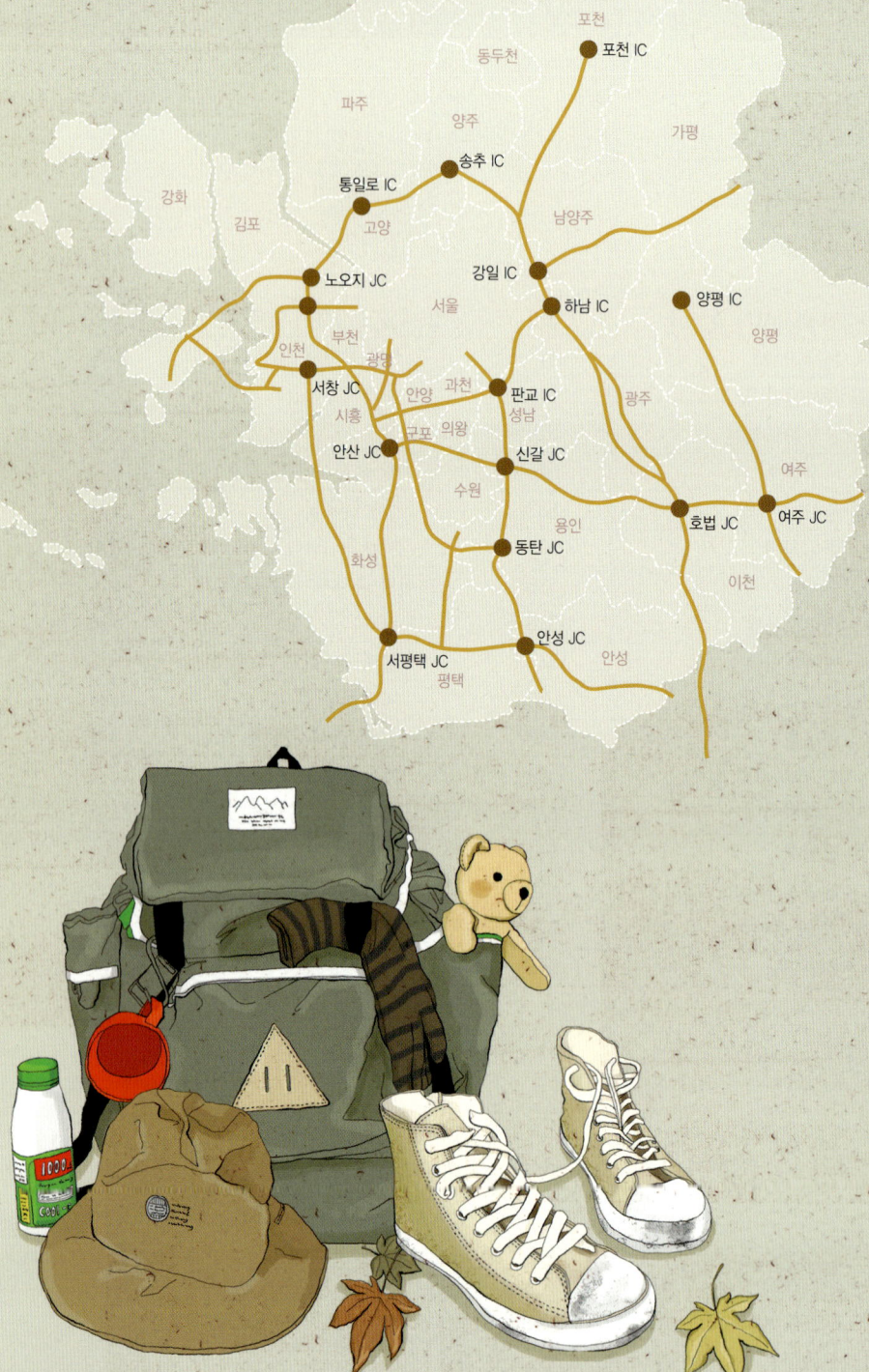

서울·인천·경기도에서 만난 야생화와 풍경

아직은 언 땅에 눈도 채 녹지 않은 이른 봄, 서울에서 그리 멀지 않은 경기도 광주 무갑산 계곡에서 꽃잎 같은 꽃받침을 수반한 너도바람꽃이 가냘픈 인사를 건넨다. 잎자루 없이 돌려난 독특한 모양의 포엽 하며 꽃잎인 양 곤충을 유인하는 꽃받침, 수술처럼 생겨 둘로 갈라진 채 노란 꿀샘을 달고 있는 꽃잎 등 어느 하나 나무랄 데 없이 예쁜 봄꽃이다. 바람이 좋아 바람이 많이 부는 높은 지대에서 자라 이름 붙여진 이 꽃은, 흔히 얼음을 뚫고 최초로 봄을 알린다는 복수초보다 일찍 핀다.

3월

출사시기 및 장소

3월 초

삼지닥나무	• 경기도 포천시 소흘읍 직동리 51-8 국립수목원
풍도바람꽃	• 경기도 안산시 단원구 풍도동 풍도
변산바람꽃	• 경기도 안양시 만안구 안양동 1151-6 수리산
너도바람꽃	• 경기도 광주시 초월읍 무갑리 224-2 무갑사 • 경기도 광주시 초월읍 무갑리 12 무갑산
앉은부채, 노루귀	• 경기도 광주시 남한산성면 산성리 34-2 남한산성 동문
복수초, 노루귀, 산자고	• 인천광역시 옹진군 영흥면 내리 산200-18 영흥도
노루귀	• 경기도 안산시 단원구 대부북동 1870-48 구봉도

3월 중

너도바람꽃	• 경기도 포천시 신북면 심곡리 774-1 / 770 왕방산
복수초, 변산바람꽃	• 경기도 연천군 신서면 내산리 342-1 원심원사
너도바람꽃, 꿩의바람꽃	• 경기도 남양주시 조안면 진중리 560-1 예봉산 세정사
너도바람꽃, 노랑앉은부채	• 경기도 남양주시 오남읍 팔현리 399-4 천마산
노루귀	• 경기도 하남시 배알미동 1 검단산 • 경기도 남양주시 와부읍 율석리 369 백천사 뒷산 • 경기도 광주시 남한산성면 오전리 11-1 남한산성

3월 말

노루귀, 꿩의바람꽃, 얼레지	• 경기도 가평군 청평면 삼회리 139 화야산 운곡암
들바람꽃	• 경기도 가평군 설악면 회곡리 744-31 뾰루봉
변산바람꽃, 복수초	• 경기도 가평군 북면 백둔리 751 아재비고개
붉은조개나물, 노랑할미꽃, 흰타래난, 각시붓꽃, 조개나물	• 경기도 의왕시 학의동 53 천주교 청계묘원
노루귀	• 경기도 의왕시 청계동 24 청계사
큰개불알풀, 풍년화	• 서울특별시 송파구 방이동 88-3 올림픽공원 야생화학습장 주변
처녀치마	• 경기도 포천시 신북면 심곡리 774-1 / 770 왕방산
깽깽이풀	• 경기도 광명시 광명동 601-5

서울・인천・경기도

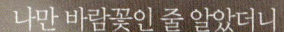

나만 바람꽃인 줄 알았더니

너도바람꽃

바람을 좋아하여 바람이 많이 부는 높은 지대에서 자라기 때문에 바람꽃이라는 이름을 얻었다. 자세히 알아보자면 종류가 무척 많은데, 그중에서도 가장 이른 봄에 꽃을 피우는 것이 너도바람꽃이다. 얼음을 뚫고 피어나는 최초의 봄꽃이라고 하면 흔히 복수초를 떠올리기 쉽지만, 그보다도 일찍 피는 것이 바로 너도바람꽃이다. 그래서 옛날 사람들은 이 꽃이 피는 것으로 봄이 왔음을 알았다고도 한다. 겨우내 얼어붙었던 계곡에서 졸졸졸 물소리가 들리기 시작하면 어느새 얼음장같이 차가운 대지를 뚫고 너도바람꽃 싹이 올라온다. 아직 녹지 않은 새하얀 눈 사이에서 줄기가 삐죽 나오는 모습을 보노라면 강인한 생명력

너도바람꽃(무갑산)

학명 | *Eranthis stellata* Maxim.

이 절로 느껴진다. 그러나 실제로 식물이 얼음을 뚫고 올라오는 것은 아니다. 이미 줄기가 올라온 뒤에 눈이 내리기 때문에 그렇게 보일 뿐이다. 입춘 즈음에 피어나기 때문에 절기를 구분해 주는 꽃이라고 하여 절분초라고도 부른다.

키는 15cm 정도이고, 잎은 길이 3.5~4.5cm, 너비 4~5cm이다. 잎이 길게 세 갈래로 나누어지며 양쪽 갈래는 깃 모양으로 다시 세 갈래로 갈라진다. 꽃은 꽃자루 끝에 한 송이가 피는데 지름 2cm 정도의 흰색이다. 꽃이 필 때는 꽃자루에 꽃과 자줏빛 잎만 보이다가 꽃이 질 때쯤에 녹색으로 바뀐다. 꽃잎은 2개로 갈라진 노란색 꿀샘으로 이루어져 있고 수술이 많은데, 바로 이 부분이 너도바람꽃의 가장 두드러진 특징이다. 열매는 6~7월에 달린다.

우리나라 북부와 지리산, 덕유산 등 높은 지역에서 자라는 여러해살이풀로, 주로 산지의 반그늘에서 잘 자란다. 꽃이 예뻐서 관상용으로 많이 이용한다.

서울·인천·경기도

너도바람꽃
(무갑산)

너도바람꽃(왕방산)

함께 볼 수 있어요!

풍도바람꽃

풍도대극

복수초(풍도)

중의무릇(청계산)

노루귀(분홍색) 　　　　　　　　　　노루귀(청색)

앉은부채(남한산성) 　　　　　　　　노랑앉은부채(천마산)

출사시기 및 장소

4월 초

할미꽃, 중국할미꽃	• 경기도 하남시 감북동 201-1 일자산
진달래	• 경기도 부천시 원미구 원미동 15 원미산 원미공원
만주바람꽃	• 경기도 남양주시 조안면 진중리 560-1 예봉산 세정사
흰처녀치마	• 경기도 고양시 덕양구 북한동 북한산 국립공원
할미꽃군락, 봄맞이꽃, 솜방망이	• 경기도 광주시 목현동 426-1
나도개감채, 애기복수초, 앵초	• 경기도 용인시 처인구 모현읍 초부리 273-2 용인자연휴양림
할미꽃, 각시붓꽃	• 경기도 파주시 조리읍 장곡리 286-2 • 경기도 파주시 조리읍 장곡리 268 • 경기도 파주시 조리읍 장곡리 237-7 • 경기도 고양시 덕양구 대자동 636-4 • 경기도 고양시 덕양구 벽제동 584-2
흰민들레	• 경기도 김포시 월곶면 개곡리 839-2
각종 야생화	• 서울특별시 동대문구 청량리동 205-719 홍릉수목원
벚나무	• 서울특별시 종로구 세종로 1-91 경복궁 • 경기도 용인시 처인구 포곡읍 가실리 204 호암미술관 • 경기도 화성시 중동 273-9 / 273-2 청려수련원 • 경기도 화성시 신동 50-1 기흥CC • 경기도 화성시 청계동 510-385 리베라CC

	• 경기도 가평군 청평면 삼회리 139 화야산
흰얼레지, 노랑미치광이풀	• 경기도 성남시 중원구 은행동 2283-3 은행식물원
깽깽이풀	• 경기도 광주시 퇴촌면 도마리 49-1
4월 중	
산자고	• 경기도 하남시 감북동 194-1 일자산
흰얼레지, 수염현호색	• 경기도 남양주시 조안면 진중리 54 세정사 계곡
노랑미치광이풀	• 경기도 남양주시 오남읍 팔현리 399-4 천마산
들바람꽃, 깽깽이풀	• 경기도 가평군 북면 적목리 425
애기송이풀	• 경기도 가평군 북면 적목리 270-5 가람유원지
	• 경기도 연천군 신서면 내산리 324
각시붓꽃, 조개나물	• 경기도 파주시 조리읍 장곡리 286-2 / 268 / 237-7
	• 경기도 고양시 덕양구 벽제동 554-9
각시붓꽃, 붉은조개나물, 조개나물, 할미꽃	• 경기도 파주시 야당동 50-5
각시붓꽃, 붉은조개나물, 조개나물	• 경기도 고양시 덕양구 대자동 636-4
각시붓꽃, 할미꽃	• 경기도 고양시 덕양구 원당동 산98-1
조개나물	• 경기도 고양시 덕양구 원당동 산65-6

> 출사시기 및 장소

4월 중		
	각시붓꽃, 조개나물, 할미꽃	• 경기도 고양시 일산동구 식사동 158-1
	진달래	• 인천광역시 강화군 강화읍 국화리 192-1 고비고개 → 혈구산 정상
4월 말		
	조개나물	• 경기도 의왕시 학의동 53 천주교청계묘원 • 경기도 고양시 덕양구 벽제동 549-4 / 대자동 633-1
	꿩의바람꽃, 들바람꽃, 얼레지, 현호색, 애기괭이눈, 다화개별꽃, 돌단풍	• 경기도 가평군 북면 적목리 425-3 논남기계곡
	흰조개나물, 붉은조개나물	• 경기도 의왕시 청계동 산8-81 안양시립청계공원묘지 관리사무소
	흰조개나물	• 경기도 남양주시 별내면 청학리 산26-30
	들현호색	• 경기도 남양주시 별내면 청학리 산27-12
	조개나물 얼치기, 각시붓꽃	• 경기도 파주시 조리읍 장곡리 산65-14
	나도바람꽃	• 경기도 남양주시 수동면 외방리 280 축령산자연휴양림
	각시붓꽃	• 경기도 광주시 곤지암읍 유사리 8 임도 끝까지 진입 천덕봉 정상 부근
	대부도냉이	• 경기도 시흥시 장곡동 724-32 갯골생태공원
	주름제비란	• 경기도 오산시 수청동 332-4 물향기수목원

할미꽃, 붉은조개나물, 조개나물, 각시붓꽃, 애기풀	• 경기도 고양시 일산동구 사리현동 산88
흰꽃광대나물	• 서울특별시 용산구 한남동 한남역 한강변 • 서울특별시 성동구 사근동 232 용답역 한강변
으름덩굴	• 경기도 남양주시 조안면 진중리 560-1 예봉산 세정사
조개나물, 붉은조개나물	• 경기도 파주시 광탄면 용미리 산105-3 / 용미리 549 화교화원공원묘지
흰조개나물, 붉은조개나물	• 경기도 군포시 속달동 39-3
광릉요강꽃	• 경기도 가평군 북면 도대리 239-1명지산 / 적목리 566 국망봉 뒷편
산철쭉	• 경기도 가평군 북면 도대리 391-11 용소폭포 • 경기도 포천시 관인면 사정리 66 화적연 • 경기도 포천시 영북면 자일리 1037-9 맞은편 화적연 • 경기도 가평군 북면 적목리 49 조무락골 쌍폭포
금낭화	• 경기도 가평군 북면 도대리 238-2 승천사 주변
흰애기송이풀	• 경기도 가평군 북면 적목리 산131-11 가람유원지
진달래	• 북한산 만경대
구슬붕이(흰색), 붉은조개나물	• 인천광역시 강화군 하점면 부근리 231 강화도 백련사

서울·인천·경기도

강아지가 먹으면 깽깽거린다는
깽깽이풀

이 특이한 이름은 어떻게 생겨난 것일까? 전해지는 이야기에 따르면 강아지가 이 풀을 뜯어먹고는 환각을 일으켜 깽깽거렸던 데서 유래된 이름이라고 한다. 실제로 강아지가 이 꽃을 잘 먹는다. 또 다른 유래는 꽃이 피는 시기와 관련 있다. 깽깽이풀이 예쁜 꽃을 피우는 시기는 농촌에서 한 해 농사를 준비하느라 한창 바쁜 봄철이다. 그런 때 한가로이 꽃을 피우는 모습이 마치 일은 하지 않고 깽깽이(바이올린을 속되게 이르는 말)나 켜면서 빈둥거리는 것 같다 하여 이렇게 불렀다고 한다. 두 가지 다 정겨움이 가득 묻어나는 이야기들이다. 뿌리가 노란색이어서 **조황련**, **선황련**이라고도 부른다.

키는 20~30cm이고, 잎은 길이와 너비가 각각 9cm 정도로 키에 비해 큰 편이며 둥근 심장 모양에 가장자리가 조금 들어가 있다. 물에 젖지 않는 것이 이색적이다. 꽃은 4~5월에 지름 2cm 정도의 연한 보랏빛으로 핀다. 줄기에 한 송이씩 피는데, 아쉽게도 매우 약한 편이라 바람이 세게 불면 꺾이고 만다. 열매는 7월경에 넓은 타원형으로 달리며 속에 검은 씨가 들어 있다.

예쁜 꽃을 집에 가져가 심겠다고 줄기를 붙잡아 뽑는다면 십중팔구 실패하고 만다. 뿌리가 땅속에 아주 강하게 박혀 있기 때문에 줄기는커녕 달랑 꽃송이만 따기 쉽다. 봄나들이에서 이 꽃을 보았다면 꾹 참았다가 여름에 다시 찾아가서 씨를 받는 것이 좋다. 화분이나 화단에 뿌려 두면 되는데, 싹이 나더라도 꽃은 이듬해 봄이 되어야 피어나므로 조금 더 인내심을 가지고 기다려야 한다.

깽깽이풀이 자생하는 곳에 가보면 여러 포기가 길게 한 줄로 늘어서서 자라는 모습을 볼 수 있다. 아마도 땅에 떨어진 씨앗을 개미들이 옮기는 과정에서 미처 다 나르지 못하고 흘린 것들이 남아 싹을 틔운 것이 아닌가 생각된다. 식물들의 사는 모습이 다양함에 감탄할 뿐이다.

매자나무과에 속하는 여러해살이풀로 우리나라와 중국에 분포한다. 우리나라에서는 전국의 숲, 특히 숲 주변의 반그늘에서 가장 잘 자란다. 꽃이 무척 예뻐서 관상용으로 많이 사용되며, 약재로도 쓰인다.

학명 | *Jeffersonia dubia* (Maxim.) Benth. & Hook. f. ex Baker & S. Moore

깽깽이풀(가평)

흰깽깽이풀

함께 볼 수 있어요!

서울·인천·경기도

흰얼레지(예봉산)

개족도리풀(천마산)

금괭이눈(천마산)

모데미풀(광덕산)

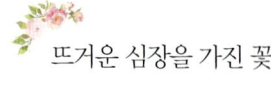
뜨거운 심장을 가진 꽃

금낭화

　서양에서 전해진 꽃은 대개 큼지막하고 화려하여 단번에 사람들의 눈길을 사로잡지만 반면에 금세 질리게도 한다. 그에 비한다면 우리의 산과 들에서 자라나는 꽃들은 크기는 작지만 모양이 아기자기하고 여간 귀여운 것이 아니다.

　금낭화 역시 작고 예쁘장한 우리 꽃이다. 봄이 무르익은 4~5월이면 금낭화는 사람의 무릎 높이까지 키가 자라면서 꽃대가 활처럼 휜다. 이 꽃대를 따라 자그마한 홍색 꽃들이 조르륵 달리는데, 자세히 들여다보면 끝이 양쪽으로 살짝 올라가 심장 모양을 이룬다. 그래서 영어로는 '블리딩 하트(bleeding heart)' 즉 '피가 흐르는 심장'이라고 부른다. 심장 모양 꽃잎 아래로 하얀색 돌기가 달리고 그 안에 암술과 수술이 들어 있다. 그 모양이 주머니를 꼭 닮아서 아름다운 주머니 꽃이라는 의미의 금낭화라는 이름이 붙었다. 모란처럼 아름답다는 뜻에서 **등모란, 덩굴모란**이라고도 부른다. 또 옛날 여자들이 지니던 주머니와 비슷하다고 **며느리주머니**라고도 하고, 입술에 밥풀이 붙어 있는 듯하다 해서 **밥풀꽃**이라고도 한다. 꽃말은 '당신을 따르겠습니다'이다. 고개를 숙이고 순종하는 듯한 꽃의 모습과 절묘하게 어울린다.

　금낭화는 일찍 꽃이 지는 편으로, 4~6월에 꽃이 피었다가 6~7월에 열매를 맺는다. 세상은 온갖 생명으로 가득 차 푸른빛을 한껏 자랑하고 있을 때 금낭화는 서둘러 휴면에 들어가는 것이다. 열매는 긴 타원형으로 달리고 안에는 반들반들한 검은색 씨앗이 들어 있다.

학명 | *Dicentra spectabilis* (L.) Lem.

금낭화(명지산)

서울 · 인천 · 경기도

금낭화(명지산)

현호색과에 속하며 우리나라와 중국에 분포한다. 우리나라에서는 설악산의 봉정암 근처에서 처음 발견되었으며, 요즘은 곳곳의 산지에서 자라고 있다. 이른 봄에 나는 새순을 나물로 무쳐 먹는데, 독성이 강하기 때문에 삶은 뒤 며칠간 물에 우려내야 한다. 약재로도 사용한다.

금낭화(명지산)

함께 볼 수 있어요!

산괴불주머니(명지산)

애기송이풀(명지계곡)

오골제비꽃(명지계곡)

산철쭉(가평)

진달래(혈구산)

출사시기 및장소

5월 초

흰애기풀	• 경기도 용인시 처인구 이동읍 천리 849-2
광대나물	• 경기도 안성시 공도읍 웅교리 산26-1 안성팜랜드
타래붓꽃, 모래지치, 대부도냉이	• 인천광역시 중구 을왕동 678-123 선녀바위
덩굴해란초	• 인천광역시 중구 송학동3가 3-1 동인천역 2번출구
흰조개나물	• 인천광역시 강화군 내가면 고천리 1486 바다의별 청소년수련원
타래붓꽃	• 경기도 안산시 단원구 선감동 508
각시붓꽃	• 경기도 구리시 인창동 56-22 동구릉 선조왕릉 주변 • 경기도 양평군 옥천면 용천리 산25-9 배너미고개 우측 등산로 • 경기도 구리시 인창동 56-22 동구릉 선조왕릉 주변
광릉요강꽃, 산작약	• 경기 포천시 이동면 도평리 산1-2 광덕고개

5월 중

쇠채아재비	• 서울특별시 강서구 화곡동 843-7
버들까치수염	• 경기도 포천시 소흘읍 직동리 51-7 국립수목원
매화마름	• 경기도 김포시 월곶면 용강리 130-57 매화미르마을
광릉요강꽃	• 경기도 포천시 이동면 장암리 45 국망봉
흰인가목	• 경기도 연천군 연천읍 동막리 247-1

	왕제비꽃	• 경기도 연천군 신서면 내산리 325
	흰붓꽃	• 경기도 의정부시 고산동 151-2
	큰앵초, 등칡	• 경기도 가평군 북면 화악리 화악터널 / 화악산
5월 말	나도수정초	• 경기도 안성시 서운면 청용리 22-2 서운산 청룡사
	고욤나무	• 경기도 하남시 감북동 201-1 일자산
	큰앵초, 흰앵초, 자란초, 정향나무	• 경기도 양평군 옥천면 용천리 305-3 사나사계곡 → 함왕봉 → 구름재 → 사나사주차장
	애기괭이눈, 바위떡풀	• 경기도 양평군 옥천면 용천리 305-3 사나사주차장 → 구름재 중간
	덩굴해란초	• 인천광역시 중구 송학동3가 3-1 동인천역 1번출구
	초종용	• 인천광역시 중구 을왕동 678-131 선녀바위
	두루미천남성	• 인천광역시 중구 무의동 751-1 무의도
	땅귀이개	• 인천광역시 중구 무의동 189 무의도 습지
	띠	• 경기도 화성시 송산면 독지리 903-4 우음도 / 독지리 산116-1 수섬

제비꽃 중에 키가 가장 큰
왕제비꽃

　원래 제비꽃은 앉은뱅이꽃이라고도 불릴 만큼 키가 작은 식물이지만 왕제비꽃은 좀 다르다. 어른의 무릎을 넘어서는 높이까지 자라서 제비꽃 종류 중에서도 가장 키가 크다. 이름에 '왕'이라는 글자를 갖게 된 것은 큰 키 덕분이며 **왕오랑캐**라고도 불린다.

　키가 40~60cm로 자라며, 원줄기는 곧고 털이 있다. 잎은 어긋나는데 아래쪽의 잎은 비늘 모양으로 퇴화되었다. 윗부분의 잎은 짧은 잎자루가 있으며, 뾰족하거나 달걀 모양 타원형이고, 양 끝이 좁으며 가장자리에 뾰족한 톱니가 있다. 뒷면에 잔털이 있으며, 잎자루 밑에 붙은 한 쌍의 잔잎은 뾰족하고, 깃 모양으로 깊게 갈라진다. 꽃은 흰색 바탕에 자주색 줄이 있고 꽃자루는 길이 3~6cm이며 가운데 위쪽에 포엽이 달린다. 꽃잎은 길이 약 1.2cm로서 털이 없고 입술모양꽃부리는 흰색 바탕에 자주색 줄이 있다. 꿀샘은 타원형이고 길이는 약 0.3cm이다. 여러 개의 씨방으로 된 열매는 달걀 모양 타원형이고 끝이 뾰족하며 털이 없다.

　습도가 높은 산지에서 자라는 여러해살이풀이다. 중국과 우리나라에서만 발견될 정도로 분포 지역이 좁으며, 우리나라에는 경기도, 강원도, 충청도 등 20여 곳에 분포한다. 개체수가 적고 유전적 다양성도 크지 않아 각별한 관리가 필요하다.

학명 | *Viola websteri* Hemsl.

서울・인천・경기도

왕제비꽃(보개산 쉼터)

왕제비꽃(보개산 쉼터)

함께 볼 수 있어요!

서울·인천·경기도

으름덩굴(예봉산)  　　　　왕매발톱나무

흰애기풀(용인)

말즘(을왕리)

흰붓꽃(의정부)

타래붓꽃(을왕리)

서울·인천·경기도

꽃 모양이 요강을 닮은 멸종위기식물
광릉요강꽃

이름에서 짐작할 수 있듯이 요강을 닮은 꽃으로 **광릉요광꽃**, **치마난초**라고도 부른다. 국내에서는 1931년 경기도 광릉 지역에서 처음 발견되었는데, 1969년에 이창복 박사가 국명을 지으면서 발견지의 이름을 함께 붙였다.

키는 20~40cm이다. 잎은 위쪽에서는 부채꼴의 큰 잎 2장이 마주난 것처럼 줄기를 감싸며 좌우로 펼쳐져 있고, 아래쪽에서는 칼집 모양의 잎 3~4장이 줄기를 감싸고 있다. 잎맥은 꽃의 중심을 지나는 면에 대하여 좌우 대칭을 이루며 깊게 파여 있고 뒷면에는 털이 있다. 원줄기 끝에서 윗부분에 잎 같은 포가 1개 달리고 그 아래에 꽃이 아래를 향해 달린다. 꽃은 지름 약 8cm 정도로 연한 녹색이 도는 붉은색이다. 꽃받침조각 중 윗부분은 끝이 뾰족한 긴 타원형으로 길이 4~5.5cm, 너비 1.2~2cm이며, 옆 조각은 끝이 2갈래로 갈라진다. 꽃잎은 주머니 모양이며, 입술꽃잎은 흰색 바탕에 홍자색의 선명한 선이 있고 안쪽 밑부분에는 가는 털이 있다. 열매는 8~9월경에 달리며, 안에는 작고 미세한 씨앗들이 많이 들어 있다.

원래 경기도 광릉의 죽엽산을 비롯하여 주로 경기 북쪽 지역에서 나지만, 현재는 자생지가 상당히 훼손된 실정이다. 산림청 추정에 의하면 약 800여 개체가 우리나라에 자생하고 있다. 2012년에 강원도의 한 농가에서 대량 증식이 이루어졌다고 보도된 바 있고, 덕유산 일대에서는 현재까지 발견된 자생지 중에서 가장 많은 개체가 서식하는 것이 확인되었다. 이 밖에도 일부 자생지가 더 발견되고 있지만 여전히 무분별한 채취

학명 | *Cypripedium japonicum* Thunb. ex Murray

서울·인천·경기도

광릉요강꽃(국망봉)

가 계속돼서 흔적을 찾아보기 어려워지고 있다. 이에 환경부에서는 광릉요강꽃을 특산식물로 분류하고, 멸종위기 야생식물 1급으로 지정하여 보호하고 있다.

    반그늘이나 햇볕이 강하게 들지 않은 곳, 물 빠짐이 좋은 곳의 경사지와 수목이 우거지고 부엽이 많은 토양에서 자란다.

광릉요강꽃(국망봉)

함께 볼 수 있어요!

큰앵초(흰색)

염주괴불주머니(을왕리)

눈개승마(화악산)

서울·인천·경기도

까치밥나무

대청지치(대청도)

출사시기 및 장소

6월 초

긴포꽃질경이	• 경기도 여주시 강천면 강천리 572-1 강천섬유원지
자란초, 가지더부살이	• 경기도 광주시 퇴촌면 우산리 38-1
옥잠난초	• 경기도 광주시 초월읍 무갑리 224-2 무갑사
애기물꽈리아재비	• 경기도 광주시 남한산성면 산성리 803 남한산성 / 국청사
두루미천남성, 큰천남성, 옥녀꽃대, 갯장구채, 괴불주머니, 둥근잎천남성, 백선, 초종용	• 인천광역시 옹진군 덕적면 굴업리 굴업도
매화노루발	• 경기도 화성시 서신면 제부리 149-15 제부도
매화노루발, 산해박, 타래난초, 산제비란	• 인천광역시 중구 을왕동 920-1
큰방울새란	• 경기도 화성시 매송면 천천리 363-7 • 경기도 군포시 속달동 329

6월 중

노랑털중나리	• 경기도 안양시 만안구 석수동 844 서울대 관악수목원 관악산 중턱
병아리난초(흰색)	• 경기도 과천시 중앙동 81 과천향교 계곡 등산로
나나벌이난초, 사철란, 병아리난초	• 서울특별시 관악구 남현동 519-3 관음사 주변
구실바위취	• 경기도 가평군 북면 화악리 화악터널 / 화악산
덩굴박주가리	• 경기도 안산시 상록구 사사동 292-7 / 292-5 / 40-1 칠보산

6월 말

산호란	• 경기도 가평군 북면 화악리 헬기장~능선 (화악산)
타래난초	• 경기도 하남시 감북동 201-1 일자산
닭의난초(홍색), 땅귀개	• 인천광역시 중구 무의동 109-3 무의도 습지
노랑어리연꽃	• 경기도 안산시 상록구 사동 1509 안산호수공원
지모	• 경기도 여주시 산북면 상품리 449-2 해여림빌리지
청닭의난초	• 경기도 광주시 남한산성면 산성리 22-1 남한산성 장경사
어리연꽃, 마름	• 경기도 시흥시 금이동 56-8 칠리지 저수지
나도고사리삼	• 경기도 안산시 단원구 대부동동 산317-5 햄섬

서울·인천·경기도

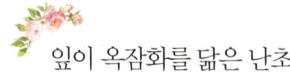

잎이 옥잠화를 닮은 난초

옥잠난초

옥잠화와 비슷한 잎을 가지고 있어서 옥잠난초라고 하며 **구름나리난**이라고도 부른다. 난초는 아름다운 꽃과 잎, 그윽한 향기를 가진 덕에 예로부터 관상용으로 무척 인기가 높은 식물이다. 종류도 상당히 많이 개발되어 현재 전 세계에 2만 5천 종, 우리나라에는 84종이 자생하고 있다. 외떡잎식물 난초목 난초과에 속하며, 식물 중에서는 가장 진화한 종류이기도 하다.

옥잠난초의 키는 20~30cm까지 자란다. 뿌리는 지름이 1~1.5cm이고, 지상부에 나와 있는 것은 위인경(짧은 줄기가 변하여 조밀하고 단단한 비늘줄기처럼 된 것)이라 부르는데, 마른 잎자루로 싸여 있다. 잎은 전년도에 난 줄기 옆에서 2장이 나온다. 길이 5~12cm, 너비 2.5~5cm의 긴 타원형이고 가장자리에 주름이 많으며 질감이 부드럽다. 꽃은 6~7월에 자줏빛이 도는 연한 녹색으로 피는데, 잎과 비슷한 녹색이어서 자세히 살펴봐야 핀 것을 알 수 있다. 꽃받침조각과 꽃잎은 좁고 입술꽃잎은 달걀을 거꾸로 세운 모양이며 가운데 윗부분에서 뒤로 젖혀지고 끝이 다소 뾰족하다. 꽃자루는 높이 15~30cm로 5~15송이의 꽃이 달린다. 열매는 8~9월경에 익으며 길이는 1~1.5cm이다.

우리나라 전역과 일본에 분포하는 여러해살이풀로, 토양이 비옥하고 물 빠짐이 좋은 곳의 반그늘 혹은 음지에서 자란다. 난초라는 이름에 걸맞게 관상용으로 많이 길러지고 있다.

학명 | *Liparis kumokiri* F. Maek.

서울·인천·경기도

옥잠난초(무갑사)

옥잠난초(무갑사)

함께 볼 수 있어요!

감자난초(국망봉)

서울·인천·경기도

병아리난초(관악산)

나나벌이난초(관악산)

나리난초(제부도)

두루미천남성(무의도)

초종용(을왕리)

서울·인천·경기도

7월

출사시기 및 장소

7월 초

닭의난초, 장구밤나무	• 경기도 안산시 단원구 대부북동 1870-37 구봉도
개정향풀	• 경기도 안산시 단원구 선감동 518-3 선감도
노랑망태말뚝버섯	• 서울특별시 성북구 정릉동 939-5 북악산
타래난초, 개곽향	• 경기도 광주시 역동 121-1
땅나리, 순비기나무	• 경기도 안산시 단원구 대부동동 산317-5 햄섬

7월 말

왜박주가리, 나도잠자리란	• 경기도 안산시 상록구 장상동 318-1 장상저수지
땅나리	• 경기도 안산시 상록구 사사동 543
	• 경기도 남양주시 삼패동 195-10 삼패사거리
	• 경기도 안산시 단원구 대부북동 1870-88 구봉도
나도잠자리란	• 경기도 안산시 단원구 대부북동 1870-37 구봉도
노랑망태말뚝버섯	• 경기도 양주시 어둔동 42
구실바위취	• 경기도 가평군 북면 화악리 화악산
백운풀, 구와가막사리	• 경기도 안성시 고삼면 봉산리 376-1 고삼저수지
긴포꽃질경이	• 경기도 여주시 강천면 강천리 572-1 강천섬유원지
순비기나무(흰색)	• 경기도 안산시 단원구 대부동동 산317-5 햄섬
해오라비난초	• 경기도 포천시 영북면 산정리 724 평강식물원

90여 년 만에 살아 돌아온 꽃
개정향풀

정향풀은 꽃이 피었을 때 옆에서 보면 '정(丁)'자를 닮아서 붙여진 이름이라고 하지만, 실제로는 알아보기가 쉽지 않다. 개정향풀은 이런 정향풀을 닮은 데서 유래된 이름이라고 하는데, 정향나무처럼 향기가 좋아서 붙여진 이름이라는 주장도 있다. 정향풀보다 전체적으로 약간 작은 개정향풀은 **다엽꽃**이라고도 불린다.

식물과 관련된 일을 하다 보면 종종 뜻밖의 행운을 만나기도 한다. 전혀 새로운 종을 만나거나 멸종된 것으로 알려진 종을 찾아내는 것이 바로 그런 경우이다. 개정향풀은 후자에 해당한다. 완전히 멸종된 것으로 보고된 지 90여 년 만인 2005년에 경기만 해안에서 다시 발견된 것이다. 식물학자가 아니라 환경운동연합이라는 단체에서 발견했다는 점에서 더욱 의의가 깊다. 이 밖에 전라남도 신안에서도 갈대와 섞여 핀 대규모 무리가 발견된 바 있다.

키는 40~80cm이고, 줄기에는 털이 없으며, 가지는 가늘고 분백색이 돈다. 뿌리는 뿌리줄기로 목질화되어 있다. 잎은 원줄기에서는 어긋나고, 가지에서는 마주나는 것이 특징이다. 잎의 길이 2.5~5.5cm, 너비 0.5~1.7cm의 타원형이고 가장자리는 밋밋하다. 이에 비해 정향풀의 잎은 길이 6~10cm로 더 크다. 꽃은 6~7월에 자주색으로 핀다. 정상부에서 꽃 이삭의 축이 몇 차례 분지하여 끝부분의 작은 꽃가지에 꽃이 달린다. 꽃받침은 길이 약 0.2cm 정도인데 5개로 깊게 갈라진다. 통꽃부리는 길이가 약 0.3cm로 윗부분이 5개로 갈라진다. 열매는 9~10월경에 길이 약 1.2cm 크기로 달리고 씨앗에는 머리카락 같은 털이 있다.

협죽도과에 속하는 여러해살이풀로, 해안가 일원의 산이나 들에서 자란다. 해안가의 습기가 많은 곳이나 햇볕이 많이 드는 풀숲에서 잘 자란다. 현재 서남해안과 경기만, 충청북도 이북에서 자생하는 것으로 알려져 있고, 몇몇 자생지를 조사한 결과 개체들이 완전히 자리를 잡고 있음이 확인되었다. 앞으로 마구잡이 채집이 이루어지지만 않는다면 품종은 그대로 유지될 것으로 보인다. 오랫동안 사라졌다가 다시 모습을 드러낸 만큼 각별한 보호가 필요하다.

개정향풀(선재도)

학명 | *Trachomitum lancifolium* (Russanov) Pobed.

서울 · 인천 · 경기도

함께 볼 수 있어요!

타래난초(일자사)

청닭의난초(남한산성)

닭의난초(구봉도)

순비기나무(햄섬)

서울·인천·경기도

순비기나무(흰색, 햄섬)

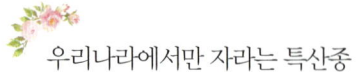

우리나라에서만 자라는 특산종

구실바위취

바위취는 바위에 붙어 있는 나물이라는 뜻이다. 식물의 이름 붙어 있는 '취'자나 '채'자는 보통 나물을 뜻한다. 구실바위취는 바위취의 한 종류이며, 이름에서 알 수 있듯이 식용할 수 있다. **팔편바위취, 구슬범의귀, 구슬바위취**라고도 불린다.

전체적인 모양은 바위취와 비슷하나 키가 25cm 정도여서 키가 60cm 정도인 바위취보다 작다. 또한 바위취의 꽃이 흰색인 반면 구실바위취의 꽃은 초록빛을 띤다. 뿌리줄기가 짧게 옆으로 자라고 끝에서 땅속줄기가 옆으로 벋으며 자란다. 뿌리에서 달걀 모양의 잎이 나오는데 끝이 뾰족하고 짙은 녹색이다. 표면에는 털이 없고 뒷면의 밑부분에는 털이 나 있다. 잎줄기는 연한 자주색이다. 원줄기에는 작은 털이 나 있으며 가장 윗부분에 꽃이 달린다. 꽃은 7월에 백록색으로 피고 열매는 9~10월경에 달리는데 끝이 2갈래로 갈라진 달걀 모양이다.

범의귀과에 속하는 여러해살이풀로, 주변 습도가 높고 이끼가 많으며 반그늘인 곳에서 잘 자란다. 세계적으로 우리나라에서만 자라는 우리나라 특산종이며 경기도, 강원도, 충청북도 이북 지역에 분포한다. 주로 관상용으로 쓰며, 어린잎은 식용한다.

학명 | *Saxifraga octopetala* Nakai

구실바위취(화악산)

함께 볼 수 있어요!

땅나리(삼패사거리)

구와가막사리(고삼저수지)

실새삼(일자산)

출사시기 및 장소

8월 초

어리연꽃	• 경기도 시흥시 금이동 56-8 칠리지저수지
덩굴박주가리	• 경기도 안산시 상록구 사사동 292-7 칠보산
해오라비난초	• 경기도 수원시 권선구 금곡동 14
	• 경기도 화성시 매송면 천천리 363-5
	• 경기도 화성시 매송면 천천리 41-7
세수염마름	• 서울특별시 영등포구 양화동 29-4 양화나루
수박풀, 어저귀	• 경기도 수원시 권선구 당수동 713-2 칠보산
흰제비고깔, 큰제비고깔	• 경기도 광주시 남한산성면 산성리 803 남한산성 국청사
닻꽃, 도라지모시대(흰색)	• 경기도 가평군 북면 적목리 66 석룡산

8월 중

소경불알	• 경기도 남양주시 조안면 시우리 297
가는털백미꽃	• 인천광역시 강화군 삼산면 매음리 1065-1
양반풀	• 경기도 김포시 월곶면 성동리
좁은잎배풍등	• 경기도 남양주시 조안면 진중리 558 세정사
산닥나무	• 인천광역시 강화군 화도면 사기리 301 함허동천 시범야영장

	진노랑상사화	• 인천광역시 강화군 화도면 사기리 467-3(정수사)
	노랑망태말뚝버섯	• 경기도 고양시 일산동구 성석동 1304-6
	아마존빅토리아수련	• 경기도 용인시 처인구 원삼면 사암리 867-7 용인시 농업기술센터
8월 말		
	금강초롱꽃	• 경기도 가평군 북면 적목리 화악산
	진땅고추풀, 세수염마름	• 서울특별시 영등포구 양화동 95 선유도공원
	덩굴닭의장풀, 수박풀	• 경기도 남양주시 오남읍 팔현리 399-4
	논뚝외풀	• 경기도 포천시 소흘읍 직동리 51-7 국립수목원
	구상난풀	• 경기도 의왕시 학의동 918 백운호수
	구슬꽃나무	• 인천광역시 남동구 장수동 427-2 인천대공원 1주차장

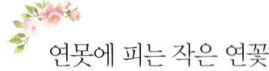

연못에 피는 작은 연꽃

어리연꽃

공원의 연못을 장식하고 있는 모습으로 비교적 자주 만날 수 있는 꽃이다. 보통의 연꽃과는 생김새가 확연히 차이가 나서 쉽게 알아볼 수가 있다. 우선 연꽃 종류 중에서 크기가 가장 작다. 보통 연꽃은 지름이 15~20cm이지만 어리연꽃은 1.5cm밖에 되지 않아 거의 10분의 1 수준이다. 또한 꽃잎에 가는 털이 나 있는 점이 큰 특징이다. **금은연**, **어리연**이라고도 한다.

가느다란 원줄기는 보통 1m 정도 자란다. 줄기 생장은 물이 고인 깊이에 따라 달라지는데 깊은 곳보다는 얕은 쪽에서 생장한다. 잎은 1~3개가 물 위에 수평으로 뜨는데, 잎자루를 길게 하며 드문드문 자란다. 지름 7~20cm로 밑부분이 깊게 2개로 갈라지며 가장자리가 밋밋하다. 앞면은 녹색이고 뒷

어리연꽃(칠리지저수지)

학명 | *Nymphoides indica* (L.) Kuntze

면은 자줏빛을 띤 갈색이며, 표면에 광택이 있고 약간 두껍다. 꽃은 잎겨드랑이 사이에서 물 위쪽으로 나온다. 흰색 바탕에 중심부는 황색이며, 꽃잎 주변으로 가는 털이 촘촘히 나 있다. 열매는 10~11월에 달리고 씨앗은 길이 0.1cm 정도의 타원형에 갈색이 도는 회백색이다.

　우리나라와 일본, 중국 남부, 동남아시아, 오스트레일리아, 아프리카 열대 지역에 분포하며 우리나라에서는 제주도와 남부, 중부 지역에 많다. 조름나물과에 속하는 여러해살이 수생식물로 습지나 연못에서 자란다. 특히 물 깊이가 낮고 잘 고여 있는 양지바른 곳을 좋아하며 관상용으로 쓰인다.

서울·인천·경기도

어리연꽃
(칠리지저수지)

함께 볼 수 있어요!

해오라비난초(칠보산)

세수염마름(선유도공원)

풍선덩굴(선유도공원)

양반풀
(김포)

우리나라에만 분포하는 희귀식물

금강초롱꽃

　금강초롱꽃에는 슬픈 전설이 전해진다. 강원도 어느 시골에 우애가 깊은 오누이가 살았다. 누나는 알 수 없는 병으로 몸져누워 있었고, 동생은 아픈 누나를 위해 약초를 캐러 다녔다. 그러던 어느 날, 한 노인으로부터 달나라에서 열리는 계수나무 열매가 누나의 병을 낫게 해주리라는 말을 듣게 되었다. 동생은 주변에서 가장 높은 산을 찾아 금강산 비로봉에 올랐다. 그곳에 서서 어떻게 하면 달에 닿을 수 있을까 고민하는데, 때마침 한 선녀가 사다리를 타고 하늘로 올라가는 것이 보였다. 동생은 그대로 따라하여 마침내 달나라에 도착하였다. 달나라 옥토끼는 오누이의 딱한 사정을 듣고는 선뜻 계수나무 열매를 따주었다. 한편 누나는 아무리 기다려도 동생이 오지 않자 초롱에 불을 밝혀 들고 금강산 비로봉으로 올라갔다. 그곳에는 달나라에 올랐던 동생이 집으로 돌아오지 못하고 사다리 옆에 떨어져 숨져 있었다. 누나는 그 모습을 보고 슬퍼하다 끝내 숨을 거두고 말았다. 이후 누나가 숨진 자리에서 꽃이 피어났고, 사람들은 그 꽃을 금강초롱꽃이라고 불렀다. 실제로 이 꽃은 금강산에서 처음 발견되었으며 **금강초롱**, **화방초**라고도 불린다. 꽃말은 '가련한 마음', '각시와 신랑', '청사초롱' 등이다.

　키는 30~90cm 된다. 잎은 길이 5.5~15cm, 너비 2.5~7cm로 긴 타원형이다. 잎의 윗부분에는 털이 조금 있고 가장자리는 안으로 굽은 불규칙한 톱니가 있다. 뿌리는 굵게 덩이뿌리를 형성하여 옆으로 뻗고 잔뿌리로 갈라진다. 꽃은 8~9월에 연한 자주색으로 피는데, 종 모양의 통꽃이 아래를 향한다. 꽃받침은 5갈래이고 길이 4.5cm, 지름 2cm 정도이다. 열매는 10월경에 달리고 안에 많은 씨앗이 들어 있다.

학명 | *Hanabusaya asiatica* (Nakai) Nakai

금강초롱꽃(화악산)

서울・인천・경기도

보랏빛 초롱을 단 듯 무척 예쁜 꽃이지만 고산지대의 깊은 숲에서만 자라기 때문에 구경하기는 하늘에서 별 따기다. 우리나라 특산종으로 보호되어 있어 재배나 판매도 금지되어 있다. 만일 재배한다고 해도 키우기는 아주 어렵다. 여름철 높은 온도에 대부분 말라 죽기 때문이다.

초롱꽃과에 속하는 여러해살이풀로 고산지대 깊은 숲에서 반그늘 혹은 양지쪽의 바위틈이나 계곡의 물이 많고 습도가 높은 곳에서 잘 자란다. 경기도와 강원도, 함경남도 등 우리나라 중부 및 북부 이북에 분포한다.

금강초롱꽃(화악산)

함께 볼 수 있어요!

덩굴별꽃(일자산)

가는털백미꽃(강화도)

바위떡풀(화악산)

산쥐깨풀(일자산)

출사시기 및 장소

9월 초

돌외	• 경기도 하남시 상사창동 413-1
백부자	• 경기도 광주시 남한산성면 산성리 산2-1 벌봉바위 지나서 성벽 무너진 곳
병아리풀	• 경기도 광주시 남한산성면 산성리 (북문에서 서문 방향 성벽 외곽)
산쥐깨풀	• 경기도 하남시 감북동 99 일자산
진땅고추풀	• 서울특별시 영등포구 당산동 1 선유도공원
불암초, 사마귀풀(흰색), 옹굿나물	• 경기도 연천군 전곡읍 은대리 689-1 물거미서식지
불암초, 등에풀	• 경기도 연천군 연천읍 통현리 368-1
분홍장구채	• 경기도 연천군 청산면 궁평리 562-9 궁신교 방향 • 경기도 포천시 영북면 대회산리 448 비둘기낭폭포
큰꿩의비름	• 경기도 안양시 만안구 안양동 618-108 수리산 슬기봉에서 태을봉으로 가는 칼바위 병풍바위 부근

9월 중

물옥잠	• 경기도 파주시 조리읍 봉일천리 157-13
좀바늘꽃	• 경기도 양주시 광적면 비암리 561-3
쥐꼬리망초	• 경기도 고양시 일산서구 탄현동 106-25 황룡산
옹굿나물	• 경기도 하남시 감북동 99 일자산
마디꽃	• 서울특별시 송파구 방이동 440-5 방이동생태경관보전지역
야고	• 서울특별시 마포구 상암동 1538 난지천공원
참새외풀	• 경기도 고양시 일산동구 장항동 906 일산호수공원

큰찡의비름	• 경기도 광주시 남한산성면 산성리 803 국청사 • 인천광역시 강화군 내가면 고천리 210-3 적석사 • 경기도 과천시 중앙동 81 관악산 정상 부근 • 인천광역시 강화군 삼산면 매음리 636-27 보문사
구절초	• 인천광역시 강화군 강화읍 국화리 190-5 혈구산 고비고개 정상 • 서울특별시 강북구 우이동 68-1 백운대 주변
왕과	• 경기도 파주시 조리읍 봉일천리 300-22 • 경기도 포천시 소흘읍 무림리 128-6
구와말, 마디꽃, 가는마디꽃, 올챙이솔	• 경기도 수원시 권선구 당수동 698
마디꽃, 올챙이솔	• 경기도 안성시 양성면 장서리 46 장서리지
구와말, 애기골무꽃, 쥐깨풀(흰색)	• 경기도 용인시 처인구 남사면 방아리 12 방아저수지
꽃비수리	• 경기도 용인시 처인구 이동읍 어비리 1245 개울
지채	• 인천광역시 강화군 화도면 동막리 66-5 동막해변
왕배풍등, 가는잎산들깨	• 경기도 안산시 단원구 선감동 717-8 탄도항
단양쑥부쟁이	• 경기도 여주시 강천면 강천리 572-1 강천섬유원지
해국	• 인천광역시 옹진군 영흥면 내리 1331-1 영흥도
개쓴풀	• 경기도 화성시 매송면 천천리 363-5
포천구절초	• 경기도 연천군 청산면 궁평리 562-6 궁신교 방향

분홍색 꽃이 피는 장구채

분홍장구채

매끈하고 기다란 줄기가 장구채와 꼭 닮아서 붙은 이름이다. 장구채 종류는 꽤 많은데, 특히 분홍색 고운 꽃을 피워서 분홍장구채라고 부른다. 구슬꽃대나물, 애기대나물이라고도 한다.

키는 약 30cm이며, 여러 개의 굵은 가지가 옆으로 나와 길게 자라기 때문에 원줄기는 비스듬히 눕는다. 줄기는 마디가 뚜렷하고 전체에 꼬부라진 털이 많다. 잎은 마주나는데 길이 1~4cm, 너비 0.4~1.6cm의 긴 달걀 모양에 가장자리는 밋밋하고 끝이 뾰족하다. 꽃은 가지 끝에 모여 분홍색으로 핀다. 꽃받침은 끝이 5갈래로 갈라지고 길이 0.8cm, 너비 0.4cm 정도의 통 모양이며 꼬부라진 털이 있다. 꽃잎은 길이 1cm, 너비 0.2cm 정도이며 깊이는 약 0.2cm로 갈라진다. 수술은 10개로 꽃잎 밑에 붙어 있다. 10월경에 꽃받침 통 안에 열매를 맺으며, 검은색의 씨앗은 약 0.6cm 길이로 가장자리에 돌기가 있다.

개화기는 산지에 따라 조금씩 차이가 나지만 대체적으로 8월에 최고의 절정기를 맞는다. 참고로 다른 야생화 도감이나 국가생물종지식정보시스템(www.nature.go.kr)에서는 분홍장구채의 꽃 피는 시기를 10~11월로 명시하고 있다. 그러나 이 책의 필자들을 비롯하여 현장에서 야생화를 촬영하는 전문가들에 따르면 분홍장구채는 7월이면 피기 시작하여 8월에 절정기를 맞으며 9월이면 시들기 시작하는 것으로 관찰되었기에 이 책에서는 현장의 실제 개화기에 따르기로 한다.

석죽과의 여러해살이풀로 바람이 잘 통하고 햇볕이 많이 들어오는 바위틈이나 그 주변의 물 빠짐이 좋은 흙에서 자란다. 내장산과 중부 이북의 산지에 분포하는데 많은 사람들이 자생지를 찾다 보니 불법 채취는 물론이고 올라오는 새순을 마구 밟아 점점 개체가 줄어들고 있어서 우리나라에서 멸종위기 야생식물 2급으로 분류하고 있다.

학명 | *Silene capitata* Kom.

분홍장구채(비둘기낭폭포)

함께 볼 수 있어요!

당잔대(적석사)

뚜껑덩굴과 열매(양평 양수리)

불암초(연천 물거미 서식지)  　　　　　　　긴두잎갈퀴(일산호수공원)

흰닭의장풀(비둘기낭폭포) 　　　　　　흰사마귀풀(연천 물거미 서식지)

참새외풀(일산호수공원)

흰꽃여뀌(일산호수공원)

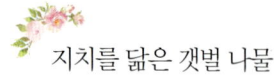

지치를 닮은 갯벌 나물

지채

약재나 염료로 쓰는 풀인 지치를 닮았는데, 나물로 먹을 수 있다는 뜻에서 나물을 뜻하는 '채' 자가 붙어 지채라고 불린다. 갯장포라고도 부르며, 약재로 쓸 때는 해구채라고 한다.

바닷가 갯벌에도 갖가지 풀들이 자라고 있다. 염분과 바람, 추위 등 생존 조건이 좋지 않기 때문에 대부분 잎도 가늘고 크기도 크지는 않다. 지채 역시 마찬가지이다. 갯벌이나 바닷가에서 그 누구의 관심도 받지 못하고 잡초처럼 무리 지어 있다.

키는 15~40cm, 뿌리줄기는 굵고 짧으며 튼튼한 뿌리가 있다. 꽃줄기는 곧게 서고 가지가 갈라지지 않는다. 잎은 뿌리에서 모여나고 길이 10~30cm, 너비 0.2~0.4cm의 줄 모양으로 부추 잎과 비슷하게 생겼다. 밑부분은 얇고 부드러운 흰색으로 반투명의 막과 같다. 잎끝은 둔하며 끝에 길이 0.3~0.5cm의 잎혀가 있다. 꽃은 8~9월에 녹색을 띠는 자주색으로 피는데, 꽃줄기 끝에 1개의 긴 꽃대가 올라오고 그 둘레에 여러 개의 꽃이 이삭 모양으로 꽃차례를 이룬다. 꽃잎은 6개이며 타원형이고 2줄로 달리며 작은 꽃자루는 길이 0.2~0.4cm이다. 수술과 암술은 각각 6개이다. 열매는 여러 개의 씨방으로 되어 있고 길이 0.3~0.5cm의 긴 타원형이다.

지채과에 속하는 여러해살이풀로 해안이나 대륙 내의 소금기가 있는 흙에 난다. 북반구의 온대지방에 널리 분포하며 우리나라에서는 제주도와 완도, 위도, 강화도와 강원도의 송지호, 황해도 옹진 등지에 자란다. 어린잎은 식용하며 전초와 열매는 약용한다.

학명 | *Triglochin maritima* L.

서울 · 인천 · 경기도

지채(강화도 동막리)

지채(강화도 동막리)

서울·인천·경기도

함께 볼 수 있어요!

회령바늘꽃(하늘공원)

흰물달개비(장서리지)

큰꿩의비름(남한산성)

서울·인천·경기도

강아지풀(남한산성)

이고들빼기(남한산성)

서양등골나물(남한산성)

서울·인천·경기도

남한산성에서 바라본 모습

서울·인천·경기도

출사시기 및 장소

10월 초

개쓴풀	• 경기도 안산시 상록구 사사동 402-1 칠보산
갯댑싸리	• 인천광역시 남동구 논현동 66-10 소래습지생태공원
	• 인천광역시 옹진군 영흥면 선재리 398-21 선재도 바닷가
포천바위솔	• 경기도 포천시 창수면 고소성리 15-2 사면 보호망 옆
좀바위솔	• 경기도 포천시 관인면 냉정리 2-2 도로 끝 한탄강 바위
포천구절초, 강부추	• 경기도 연천군 청산면 궁평리 562-6 궁신교 방향
바위솔	• 경기도 남양주시 진접읍 부평리 255 봉선사
앵초	• 경기도 수원시 장안구 송죽동 238 만석공원 내

10월 중

좀바위솔	• 경기도 가평군 청평면 삼회리 139 운곡암 주변
바위솔	• 경기도 남양주시 조안면 송촌리 1060 수종사
좁은잎배풍등	• 경기도 남양주시 조안면 진중리 560-1 세정사
쑥부쟁이	• 경기도 남양주시 조안면 능내리 12-21 다산생태공원 주변
산국	• 경기도 광주시 남한산성면 산성리 803

	애기향유	• 인천광역시 중구 을왕동 762-101 • 인천광역시 중구 을왕동 835-2 인천공항공사 인재개발원
	애기향유, 수송나물	• 인천광역시 중구 을왕동 678-123 선녀바위 부근
	꽃향유(흰색)	• 남한산성 제2남옹성 우측 가파르게 내려가는 흙길
	덩굴해란초	• 인천광역시 서구 원창동 세어도
	물억새 단풍(풍경)	• 경기도 연천군 미산면 63-1 동이리 주상절리
	단풍(풍경)	• 경기도 연천군 미산면 삼화리 110 연천 숭의전지
	가는잎물달개비, 가는물질경이, 물별	• 경기도 용인시 처인구 이동면 어비리 824-1
10월 말	단풍(풍경)	• 경기도 연천군 연천읍 부곡리 193 재인폭포

산에 피는 들국화

산국

우리나라에는 국화과에 속하는 야생화가 많은데 이들 대부분을 흔히 들국화라고 부른다. 산국(山菊)도 그중 하나로서 이름 그대로 산에서 자라는 국화이다. **개국화, 나는개국화, 들국**이라고도 불린다.

국화과를 분류하는 방법은 여러 가지가 있는데, 그중 하나가 꽃의 지름을 기준으로 하는 것이다. 대륜은 지름이 18cm 이상, 중륜은 9~18cm, 소륜은 9cm 이하로 구분할 수 있다. 이에 따르면 산국을 비롯한 들국화들은 대부분 소륜에 속한다.

키는 1~1.5m이고, 줄기는 모여나고 곧추서며 흰색 털이 나 있고 가지는 많이 갈라진다. 뿌리줄기는 길게 뻗는다. 잎은 길이 5~7cm의 긴 달걀 모양에서 갈라지는데, 감국보

산국(남한산성)

학명 | *Dendranthema boreale* (Makino) Ling ex Kitam.

다 깊이 갈라져서 날카로운 톱니 모양을 이룬다. 꽃은 9~10월에 줄기 끝에서 노란색으로 달리고 지름은 1.5cm 정도이다. 열매는 11~12월경에 맺는다.

산국은 국화과에 속하며 해마다 묵은 뿌리에서 움이 다시 돋는 숙근성 여러해살이풀이다. 우리나라와 일본, 중국 북부에서 분포하며 햇빛이 드는 반그늘의 부엽토가 풍부한 곳에서 자란다. 관상용으로 쓰며, 꽃과 어린순은 식용, 전초는 약재로 사용한다.

함께 볼 수 있어요!

벌개미취(올림픽공원)

구절초(황룡산)

미역취(황룡산)

외대으아리(황룡산)

쥐꼬리망초(흰색, 황룡산)

애기향유(흰색, 용유도)

포천바위솔

서울·인천·경기도

억새(올림픽공원)

담쟁이덩굴 단풍(임진강 주상절리)

경복궁

광화문 야경

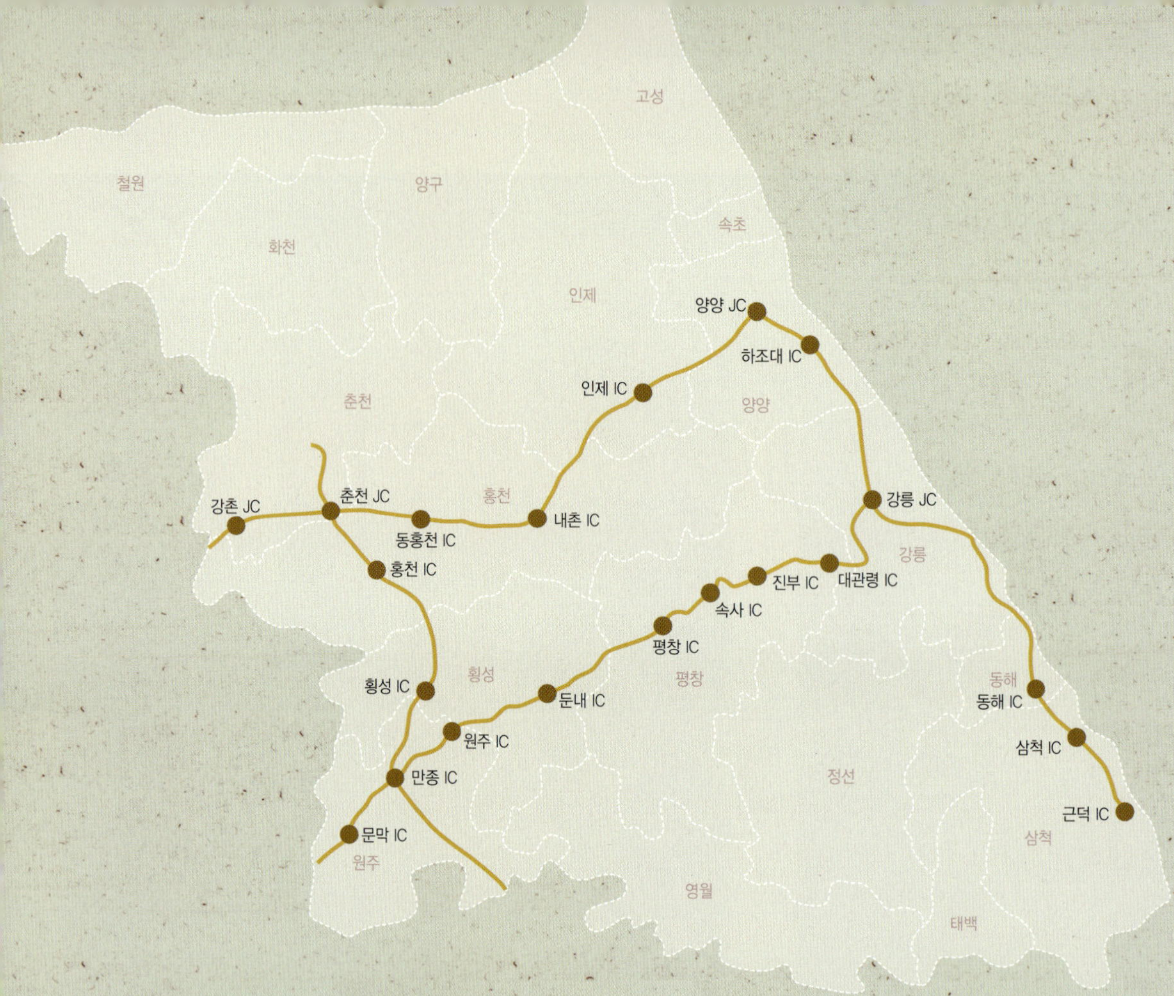
고성
철원
양구
속초
화천
인제
양양 JC
하조대 IC
인제 IC
춘천
양양
홍천
강촌 JC
춘천 JC
동홍천 IC
내촌 IC
강릉 JC
홍천 IC
강릉
진부 IC
대관령 IC
속사 IC
평창 IC
횡성
평창
동해
횡성 IC
둔내 IC
동해 IC
원주 IC
삼척 IC
만종 IC
정선
근덕 IC
문막 IC
원주
삼척
영월
태백

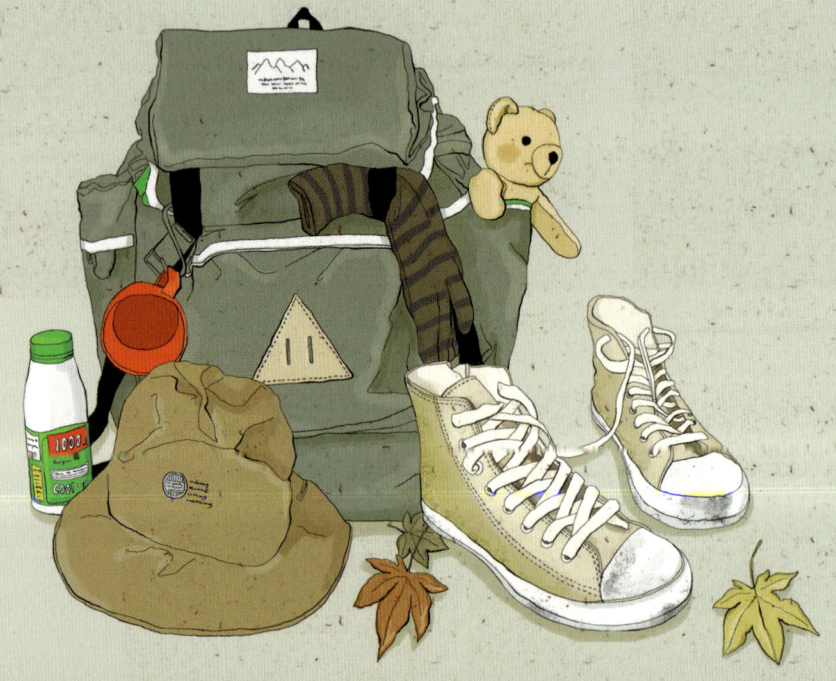

강원도에서 만난 야생화와 풍경

강원도 내륙을 굽이쳐 흐르는 동강은 물이 맑고 주변 경치가 뛰어나게 아름답다. 동강 유역은 오랜 세월 비경을 간직해온 만큼 희귀 동식물들이 서식하는 보고이며, 그중 하나가 동강할미꽃이다. 이 꽃은 세계에서 유일하게 우리나라 동강 유역 화강암 지대의 바위틈에서만 자란다. 다른 할미꽃 종류와는 달리 고개를 숙이지 않는 것이 특징이고, 할미꽃의 슬픈 전설이 떠오르지 않을 만큼 꽃이 예쁘다.

출사시기 및 장소

1월	
일출(풍경)	• 강원도 고성군 거진읍 화포리 516-1 화진포 • 강원도 고성군 현내면 대진리 16-4 대진등대 • 강원도 양양군 현북면 하광정리 5 하조대 • 강원도 양양군 강현면 전진리 3-1 낙산사 • 강원도 강릉시 강동면 정동진리 259-1 정동진 주차장 • 강원도 강릉시 사천면 사천진리 266-28 사천진 • 강원도 강릉시 주문진읍 주문리 791-22 주문진 아들바위공원 • 강원도 삼척시 원덕읍 갈남리 303-30 해신당생태공원 (남근조각공원) • 강원도 삼척시 원덕읍 갈남리 531-13 신남해변
일출 및 설경(풍경)	• 강원도 삼척시 원덕읍 월천리 659 솔섬
빙벽(풍경)	• 강원도 춘천시 남산면 강촌리 432-39 강촌 구곡폭포
별 궤적(풍경)	• 강원도 강릉시 강동면 정동진리 50-12 / 50-156 정동진항
잣나무 숲 설경(풍경)	• 강원도 춘천시 신북읍 산천리 310-13
두루미 떼(풍경)	• 강원도 철원군 동송읍 이길리 1186-11 철원 철새 전망대

2월	설경(풍경)	• 강원도 평창군 대관령면 횡계리 14-287 선자령 대관령양떼목장 • 강원도 삼척시 원덕읍 월천리 256 월천리 솔섬 • 강원도 태백시 혈동 260-68 태백산 유일사
	화천 산천어축제 및 야경(풍경)	• 강원도 화천군 화천읍 아리 205-7 낙원그린파크아파트 옥상
	상고대(풍경)	• 강원도 횡성군 둔내면 태기리 산1-5 태기산
3월	동강할미꽃	• 강원도 정선군 신동읍 운치리 243-2 • 강원도 정선군 신동읍 덕천리 93 • 강원도 정선군 신동읍 고성리 849-1 • 강원도 정선군 정선읍 광하리 33 • 강원도 평창군 미탄면 마하리 82 백룡동굴 생태체험학습장 / 문희마을 • 강원도 정선군 신동읍 덕천리 347 • 강원도 영월군 영월읍 문산리 457-1 문산교
	물돌이(풍경)	• 강원도 정선군 정선읍 북실리 606-11 정선 병방치
	처녀치마, 노루귀	• 강원도 홍천군 홍천읍 연봉리 101-27 홍천세무서
	매실나무	• 강원도 강릉시 죽헌동 27-4 오죽헌 율곡매

강원도

세계적인 희귀종

동강할미꽃

동강은 강원도 내륙을 흐르는 강으로 물이 맑고 주변 경치가 매우 아름답다. 한여름이면 피서지로 인기가 높고, 특히 스릴 넘치는 레포츠인 래프팅을 즐길 수 있는 곳으로 유명하다. 또한 오랫동안 비경을 간직한 채 숨어 있었던 만큼 곳곳에 특이한 식물과 동물이 서식하는 생태계의 보고이기도 하다. 수달, 어름치와 쉬리, 버들치, 원앙과 황조롱이, 솔부엉이, 소쩍새, 비오리, 흰꼬리독수리, 총채날개나방과 노란누에나방, 백부자, 꼬리겨우살이 등 천연기념물과 희귀 동식물을 비롯하여 미기록종 생물들이 동강 유역에서 살아가고 있다.

동강할미꽃도 바로 동강 유역의 산 바위틈에서 자라는 꽃으로, 세계에서 유일하게 동강 유역에서만 서식한다. 한때 무분별한 채취로 인해 자취를 감췄으나 지역 주민들의 노력에 힘입어 최근 개체수가 많이 늘어났다. 정선군 귤암리에서는 증식장까지 만들어서 동강할미꽃 보호에 최선을 다하고 있다.

할미꽃 종류는 모두 꽃이 고개를 숙이고 있지만 동강할미꽃만 유일하게 고개를 쳐들고 있는 것이 특징이다. 또한 일반 할미꽃보다 잔털이 많다. 키는 약 15cm인데, 키에 비해 꽃의 크기가 크다. 잎은 7~8장의 잔잎으로 이루어져 있으며, 잎 윗면은 광채가 있고 아랫면은 진한 녹색이다. 꽃은 이른 봄에 연분홍이나 붉은 자주색 또는 청보라색으로 핀다. 처음에는 꽃이 위를 향해 피다가 꽃자루가 길어지고 무거워지면서 고개가 옆으로 향한다. 보통 할미꽃은 진짜 할머니 머리처럼 꽃에 하얀 털이 많이 나지만 동강할미꽃은 할머니 머리라고 하기에는 꽃이 너무 예쁘다. 열매는 6~7월경에 열리고 가늘고 흰털이 많이 달린다.

다른 할미꽃과 마찬가지로 미나리아재비과에 속하는 여러해살이풀이다. 할미꽃류는 유독식물이지만 뿌리를 백두옹, 노고초라고 해서 약재로도 이용한다.

학명 | *Pulsatilla tongkangensis* Y. N. Lee & T. C. Lee

동강할미꽃(정선 운치리)

동강할미꽃(정선 운치리)

흰동강할미꽃

함께 볼 수 있어요!

꼬랑사초(정선 운치리)

정동진 일출

병방치 물돌이

출사시기 및 장소

4월 초

한계령풀	• 강원도 홍천군 동면 노천리 156 대학산
들바람꽃	• 강원도 홍천군 내촌면 광암리 산88-2 협성교
모데미풀, 처녀치마	• 강원도 횡성군 둔내면 삽교리 산1-4 청태산자연휴양림
모데미풀, 나도양지꽃	• 강원도 화천군 사내면 광덕리 1127 광덕산
모데미풀	• 강원도 양구군 해안면 만대리 57 돌산령터널
처녀치마	• 강원도 양구군 해안면 만대리 산64-2
	• 강원도 평창군 대화면 개수리 산60-3

4월 중

모데미풀	• 강원도 횡성군 둔내면 태기리 산1-5 태기산
숲바람꽃	• 강원도 인제군 서화면 서흥리 1113 대암산 용늪
들바람꽃, 처녀치마	• 강원도 홍천군 내촌면 광암리 산88-2
나도바람꽃, 깽깽이풀	• 강원도 홍천군 내면 방내리 1171-3 홍천샘물
노랑미치광이풀	• 강원도 화천군 사내면 광덕리 1127 광덕산
한계령풀	• 강원도 평창군 진부면 막동리 147 가리왕산
	• 강원도 태백시 혈동 260-32 태백산 백단사
조름나물	• 강원도 고성군 죽왕면 공현진리 372-1 선유담
해란초, 갯씀바귀	• 강원도 양양군 양양읍 조산리 399-45 낙산해수욕장
유럽개미자리	• 강원도 양양군 손양면 수산리 50-1 수산해변

4월 말

앵초, 금붓꽃	• 강원도 홍천군 북방면 도사곡리 94 / 162
노랑무늬붓꽃	• 강원도 홍천군 내촌면 광암리 산88-2
모데미풀, 홀아비바람꽃, 얼레지	• 강원도 횡성군 둔내면 삽교리 산1-4 청태산자연휴양림
조름나물	• 강원도 태백시 상사미동 72-1
두메닥나무, 한계령풀, 붉은자주애기괭이밥	• 강원도 정선군 고한읍 만항재
대성쓴풀	• 강원도 정선군 남면 낙동리 67
홀아비바람꽃, 얼레지	• 강원도 횡성군 둔내면 삽교리 산1-4 청태산자연휴양림
광릉요강꽃	• 강원도 화천군 화천읍 동촌리 2715 비수구미
갈퀴현호색, 한계령풀, 연영초	• 태백산 유일사로 오르는 길
숲바람꽃, 들바람꽃, 금강제비꽃, 태백제비꽃	• 태백산 망경사를 지나 백단사로 내려가는 길
개벼룩	• 강원도 영월군 영월읍 영흥리 1105-10 영월 장릉

옛 처녀의 치마를 닮은

처녀치마

독특한 이름이 붙은 이유는 이 식물의 잎 모양 때문이다. 잎이 땅바닥에 펑퍼짐하게 퍼져 나는데, 그 모습이 마치 방석 같기도 하고 또 옛날 처녀들이 즐겨 입던 치마를 닮기도 했다. 다른 이름으로는 **차맛자락풀**, **치마풀** 등으로도 부르는데 모두 치마의 모습에 빗댄 것들이다.

처녀치마는 전국 산지에서 자라는 숙근성 식물이다. 숙근성이란 해마다 묵은 뿌리에서 움이 다시 돋는 식물을 말한다. 즉 뿌리가 잠을 자다가 때가 되면 다시 새싹이 돋는 것이다. 이른 봄 언 땅이 녹으면 새싹이 올라오는데, 이 시기는 마침 초식동물들이 모처럼 먹을 것을 찾아 나와 활발하게 움직이는 때다. 그래서 자생지에 가 보면 처녀치마의 잎이 많이 훼손되어 있는 경우가 많다.

키는 10~30cm이고, 잎은 윤기가 많이 나며 끝이 뾰족하다. 꽃은 적자색인데 4~5월에 줄기 끝에서 3~10송이가 뭉쳐 달린다. 수술대보다 긴 암술대가 꽃잎 밖으로 나와 있다. 꽃대는 꽃이 필 때는 작지만, 꽃이 질 때쯤에는 길이가 원래보다 1.5~2배 자라는 것이 특징이다. 열매는 8월경에 길이 약 0.5cm의 배 모양으로 달린다.

백합과에 속하는 여러해살이풀로 습지와 물기가 많은 곳에서 서식한다. 우리나라와 일본에 분포하며 주로 관상용으로 쓰인다. 비슷한 종으로는 칠보치마와 숙은처녀치마가 있다. 숙은처녀치마는 2006년에 등재되었는데, 비무장지대에서도 자란다.

Heloniopsis koreana Fuse, N. S. Lee & M. N. Tamura

처녀치마(청태산)

처녀치마(청태산)

함께 볼 수 있어요!

복수초(대학산)

미치광이풀(대학산)

홀아비바람꽃(청태산)  얼레지(청태산 자연휴양림)

앵초(도사곡리)

광릉요강꽃(비수구미)

새싹에 노란 꽃봉오리를 달고 나오는

한계령풀

　설악산 한계령 능선에서 처음 발견되어 한계령풀이라 하며 **메감자**라고도 부른다. 이 야생화는 독특한 점을 많이 가지고 있다. 뿌리 쪽을 살펴보면 마치 콩나물처럼 긴 것이 보이는데, 이것은 뿌리라기보다는 줄기에 가깝다. 본 뿌리는 그 끝에 달린 감자처럼 생긴 덩이뿌리이다. 이 덩이뿌리는 좀처럼 발견하기가 쉽지 않았다. 그동안 한계령풀이 잘 알려져 있지도 않았거니와, 오랫동안 한해살이풀 또는 두해살이풀로 여겨져 왔기 때문이다. 또 하나 독특한 점은 성격이 아주 급한 식물이라는 것이다. 봄에 새싹이 나온다 싶으면 이미 꽃봉오리와 잎을 동시에 달고 있다. 마찬가지로 열매도 얼른 맺고 지상에서 한두 달 봄을 즐기다 스르륵 사라져버린다. 이런 점들은 이 꽃에 신비감을 더해 주는 요소이기도 하다.

　키는 30~40cm이고 털이 없으며 뿌리는 땅속 깊이 곧게 들어간다. 잎은 1개가 달리는데 1cm 정도 자란 후 3개로 갈라지고 다시 3개씩 갈라지면서 반원형 또는 원형으로 원줄기를 완전히 둘러싼다. 꽃은 4~5월에 노란색으로 피는데, 길이와 폭은 1cm 정도이며 많은 꽃이 원줄기 끝에 달린다. 열매는 7~8월경에 둥글게 달린다.

　매자나무과에 속하는 여러해살이풀로, 우리나라와 중국, 몽골, 러시아에 분포한다. 우리나라에서는 중부 이북의 고산지대에 서식하여 가리왕산, 금대봉, 오대산, 점봉산, 태백산 등에서 발견되었으며 최근에는 강원도 홍천군 동면 대학산 일대의 높이 400~450m 지대에서도 확인되었다. 반그늘 혹은 양지의 토양이 비옥하고 물 빠짐이 좋은 곳에서 잘 자라며 주로 관상용으로 쓰인다. 환경부에 의해 희귀종으로 지정되어 있다.

학명 | *Leontice microrhyncha* S. Moore

한계령풀(대학산)

 함께 볼 수 있어요!

선괭이눈(대학산)

개별꽃(대학산)

갈퀴현호색(분홍색, 태백산)

각시현호색(대학산)

갈퀴현호색(대학산)

출사시기 및장소

5월 초

꼬마은난초	• 강원도 강릉시 옥계면 산계리 988-3 / 360 석병산
김의난초	• 강원도 삼척시 근덕면 상맹방리 231-3 / 241-9 상맹방해수욕장
나도옥잠화, 애기괭이밥(분홍색)	• 강원도 태백시 소도동 산78-2 만항재
제비붓꽃	• 강원도 고성군 죽왕면 공현진리 372-1 선유담
개느삼	• 강원도 양구군 양구읍 한전리 54 / 동면 임당리 산148 / 산149
참골담초	• 강원도 정선군 정선읍 광하리 64-4 / 35-2 동강변

5월 중

나도제비란	• 강원도 홍천군 내면 명개리 33-2
	• 강원도 홍천군 내면 자운리 59 고인돌육묘장 계곡
광릉요강꽃, 복주머니란	• 강원도 평창군 대관령면 병내리 487-5 한국자생식물원
눈양지꽃, 갯봄맞이, 부채붓꽃	• 강원도 고성군 죽왕면 오봉리 9-34 송지호
제비붓꽃	• 강원도 고성군 죽왕면 공현진리 372-1 선유담
갯활량나물	• 강원도 양양군 강현면 전진리 3-15
부채붓꽃	• 강원도 양양군 양양읍 조산리 433 솔밭
해란초, 갯씀바귀	• 강원도 양양군 양양읍 조산리 399-45 낙산해수욕장

부채붓꽃, 눈양지꽃	• 강원도 양양군 손양면 가평리 29-1
눈양지꽃	• 강원도 양양군 현남면 남애리 600-8 포매호 바닷물과 호수물이 만나는 모래사장
두메애기풀	• 강원도 영월군 영월읍 방절리 122 선돌
잠자리난초	• 강원도 영월군 영월읍 영흥리 산134-4 영월 장릉 엄흥도 정여각
홍월귤	• 설악산 중청봉 주변
별꿩의밥	• 강원도 강릉시 왕산면 목계리 산460-84 큰 도로 왼쪽의 숲과 등산로로 들어가는 주변 • 선자령 등산로 입구
바위종덩굴, 벌깨풀, 바위솜나물, 둥근잎개야광	• 강원도 삼척시 신기면 대이리 189 환선굴 주변
삼수개미자리, 참작약	• 강원도 삼척시 미로면 내미로리 785-1 천은사 맞은편 산 능선
흰벌깨덩굴	• 함백산쉼터 싸리재에서 은대봉
줄댕강나무	• 강원도 영월군 남면 창원리 220-1 능선 주변
두루미꽃	• 강원도 홍천군 내촌면 광암리 88-2
은방울꽃(분홍색)	• 강원도 홍천군 내면 자운리 1085-256 / 1085-135

> 출사시기 및 장소

5월 말

꽃	장소
층층둥굴레	• 강원도 정선군 정선읍 광하리 동강변
생열귀나무, 자리공, 긴잎갈퀴	• 강원도 정선군 신동읍 운치리 171-2
뚝지치	• 강원도 정선군 신동읍 운치리 985
산국수나무, 바위솜나물	• 강원도 정선군 임계면 임계리 3 석병산 정상 부근
복주머니란	• 금대봉
털복주머니란, 나도제비란, 기생꽃	• 강원도 정선군 고한읍 고한리 산214-20 만항재
복주머니란, 나도범의귀, 대성쓴풀	• 강원도 태백시 창죽동 1-1 검룡소
나도제비란	• 강원도 태백시 통동 백병산
버들까치수염	• 강원도 인제군 인제읍 덕산리 964-62 우측 농로
흰큰방울새란	• 강원도 양구군 방산면 송현리 1024 두타연
유럽큰고추풀	• 강원도 춘천시 우두동 717-41 소양강 습지
산솜다리, 난장이붓꽃	• 강원도 양양군 서면 오색리 산1-56 흘림골 등선대
뻐꾹채	• 강원도 영월군 한반도면 옹정리 산137-1 한반도지형 전망대
참작약, 개벼룩	• 강원도 영월군 영월읍 영흥리 1090-1 장릉 / 방절리 산122 선돌 주변
금강봄맞이, 솜다리	• 강원도 속초시 설악동 권금성 주변
가새잎개갓냉이	• 강원도 원주시 신림면 금창리 500 치악휴게소 뒷마당

씨앗이 벼룩처럼 작은
개벼룩

벼룩의 간을 빼 먹는다는 속담이 있듯이 벼룩이라 하면 매우 작은 것을 뜻하는 경우가 많다. 식물 이름에도 벼룩이 붙은 것들이 많은데, 이들 대부분은 잎도 작고 꽃도 작으며 전체적인 크기도 작다. 벼룩이자리, 벼룩나물, 벼룩이울타리, 벼룩아재비 등이 그 예이다. 개벼룩 역시 마찬가지다. 꽃을 자세히 들여다보면 자그마한 꽃잎 다섯 개로 이루어진 모습이 마치 별꽃을 보는 듯하다. 그래서 **홀별꽃**이라고 불리기도 한다. 또한 벼룩이자리라는 품종과 매우 흡사하여 **개벼룩이자리**라고도 부른다. '개' 자가 붙은 것을 보니 벼룩이자리보다도 못하다는 의미일까? 그러나 막상 둘을 비교해 보면 우열을 가리는 기준이 모호하다. 오히려 개벼룩이 꽃도 더 크고 잎에도 윤기가 난다.

키가 10~20cm로 매우 작은 식물이다. 땅속줄기가 있어 옆으로 벋으며 번식한다. 줄기는 가늘며 밑동에서 가지가 나온다. 잎은 어긋나고 긴 타원형 또는 넓은 타원형으로 길이 1~2.5cm, 너비 0.3~1cm이다. 잎 뒷면의 맥 위와 가장자리에는 짧은 털이 난다. 꽃은 6~7월에 흰색으로 피고, 지름 1cm 정도로 아주 작다. 꽃 이삭은 잎겨드랑이나 줄기 끝에 1~3개가 달린다. 수술은 10개, 암술대는 3개이다. 열매는 7~8월에 검은색으로 익는데, 열매 속이 여러 칸으로 나뉘어 있고 칸마다 검고 윤기가 나는 씨앗이 많이 들어 있다. 이 씨앗이야말로 벼룩을 떠오르게 하는 모습이다.

석죽과의 여러해살이풀로, 강원도와 북한 지방에서 자란다. 작은 식물들은 대개 무리를 지어 자라는 습성이 있으며, 개벼룩도 군락을 이룬다.

학명 | *Moehringia lateriflora* (L.) Fenzl

개벼룩(영월 장릉)

함께 볼 수 있어요!

강원

나도범의귀(검룡소)  　　　　　　　　　노랑김의난초(상맹방해수욕장)

부채붓꽃(낙산대교)

제비붓꽃(공현진리)

노랑무늬붓꽃(홍천)

뿔족도리풀(태백산)

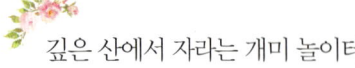
깊은 산에서 자라는 개미 놀이터

삼수개미자리

 삼수개미자리는 높은 산지의 돌밭에서 자라는 식물이다. 여리고 약해 보이는 모습이지만 억센 생명에게만 허락할 듯 거친 환경 속에서도 용케 양지바른 곳을 찾아 자리를 잡는다.

 키는 10~20cm되고 줄기는 모여나며 가지가 많이 갈라진다. 줄기 윗부분에 털이 있고 겉면에 막대 모양의 털이 있다. 잎은 빽빽하게 마주나고, 길이 0.8~1.5cm, 너비 약 0.1cm의 바늘 같은 모양이며 털이 없다. 꽃은 7~8월에 지름 0.5cm 정도의 흰색으로 핀다. 꽃대 끝에 한 송이가 피고, 그 주위의 가지 끝에 다시 꽃이 피고, 거기서 다시 가지가 갈라져 끝에 꽃이 피는 꽃차례를 이룬다. 꽃받침조각은 5개이고 긴 타원형이며 끝이 뾰족하다. 열매는 길이 0.4cm 정도로 여러 개의 씨방으로 된 긴 타원상 달걀 모양이며 3개로 갈라진다. 씨앗은 둥글며 0.1cm 정도로 아주 작고 돌기가 있다.

 우리나라에서는 함경남도 삼수와 혜산 지역에 분포하는 것으로 알려져 있으나 최근에는 강원도 석회암 지대에서도 발견되고 있다. 높은 산의 물 빠짐이 좋고 햇볕이 잘 드는 돌밭에서 자란다.

학명 | *Minuartia verna* var. *coreana* (Nakai) H. Hara

삼수개미자리

함께 볼 수 있어요!

나도제비란(백병산)

복주머니란(홍천)

강원도

줄댕강나무(영월)

선토끼풀(포매호)

산괴불주머니(함백산)

은방울꽃(분홍색, 홍천)

월

출사시기 및 장소

6월 초

- 벌깨풀 · 강원도 삼척시 신기면 대이리 189 환선굴 주변
- 기린초 · 강원도 동해시 추암동 6-1 추암해수욕장
- 난장이붓꽃(흰색) · 강원도 인제군 북면 용대리 설악산 희운각 공룡능선
- 장백제비꽃, 참기생꽃 · 강원도 인제군 북면 한계리 88 설악국립공원 안산
- 민백미꽃(분홍색) · 강원도 홍천군 내면 자운리 1222
- 월귤 · 강원도 홍천군 내면 방내리 920-4 / 924-2
- 은대난초(흰색) · 강원도 정선군 고한읍 만항재
- 노랑매발톱 · 강원도 평창군 진부면 막동리 135 / 195-2
- 해란초, 매화노루발 · 강원도 강릉시 옥계면 금진리 464-1 한국여성수련원
- 백미꽃 · 강원도 태백시 소도동 78-3 함백산
  · 강원도 철원군 갈말읍 신철원리 명성산 정상

6월 중

- 노랑털중나리 · 강원도 정선군 정선읍 덕우리 633-1 쇄재터널에서 정선 방향
  · 강원도 정선군 여량면 구절리 244-8
  · 강원도 정선군 여량면 유천리 646-3
- 제비난초, 넓은잎제비란, 선백미꽃 · 강원도 정선군 고한읍 고한리 산215-3 만항재 야생화쉼터
- 분홍바늘꽃 · 강원도 평창군 진부면 간평리 33-1 켄싱턴플로라호텔 건너편

6월 말

흰제비란, 제비난초	• 강원도 인제군 서화면 심적리 183 용늪 주변
큰꽃옥잠난초	• 강원도 홍천군 내면 자운리 968-3 / 969 백봉농장
분홍바늘꽃, 참마	• 강원도 홍천군 내면 자운리 59 / 1176 고인돌육묘장 계곡
선백미꽃	• 강원도 정선군 여량면 구절리 산110-7 / 238-4 • 강원도 정선군 고한읍 고한리 산215-3 만항재 야생화쉼터
제비난초, 갈매기난초, 넓은잎제비란, 선백미꽃	• 강원도 태백시 창죽동 146-5 대덕산
참좁쌀풀	• 강원도 횡성군 둔내면 태기리 산1-1 태기산
병아리난초	• 강원도 삼척시 가곡면 동활리 26-2 용화정사 입구
기린초	• 강원도 양구군 동면 비아리 산1-2 도솔산지구 전투위령비 → 도솔산 정상 주변

순백색 꽃이 아름다운
민백미꽃

　꽃 이름 앞에 '개'나 '민'자가 들어가는 것들은 본래의 종보다 다소 못하다는 뜻을 지닌다. 예를 들어 살구보다 개살구는 맛이 덜하다. 민백미꽃은 백미꽃에 비해 꽃이 약간 뒤처진다. 백미꽃은 짙은 자주색이고 민백미꽃은 단순한 흰색이다. 화려한 백미꽃에 비해 특별한 빛깔이 없으니 민백미꽃이다. 하지만 그것은 오로지 보는 사람의 입장일 뿐, 꽃 자체에는 다른 것과는 비교할 수 없는 자신만의 아름다움이 있기 마련이다. 그냥 **민백미**, **개백미**, **흰백미**라고도 부른다.

　민백미꽃은 산과 들에 서식하며, 주로 반그늘이고 물 빠짐이 좋은 비옥한 토양에서 자란다. 키는 30~60cm이고, 줄기를 자르면 우유 같은 유액이 나오는 것이 특징이다. 잎은 마주나는데 길이가 8~15cm, 너비 4~8cm의 타원형이고 양면에 잔털이 있다. 꽃은 5~7월에 피는데, 지름이 약 2cm로 원줄기 끝과 윗부분의 잎겨드랑이에서 나오고 펼쳐지듯 달리는 것이 특징이다. 꽃 안에 들어 있는 흰색은 삼각형이고 5개로 갈라진다. 열매는 8~9월경에 달리고 씨앗은 익으면 흰색 털이 달린다.

　박주가리과에 속하는 여러해살이풀이다. 박주가리과의 식물은 전 세계에 100속 1,700종이 있는데 대부분 열대 지방에서 자라며, 우리나라에는 5속 10종이 자란다. 민백미꽃은 우리나라와 일본, 중국 북동부 등지에 분포한다. 관상용으로 쓰이며 뿌리는 약재로 쓰인다.

학명 | *Cynanchum ascyrifolium* (Franch. & Sav.) Matsum.

민백미꽃(변종)

민백미꽃(변종)

민백미꽃(변종)

함께 볼 수 있어요!

쥐오줌풀(함백산)

난쟁이붓꽃(설악산 흘림골)

장백제비꽃(인제 안산)

물참대(설악산 흘림골)

기생꽃(인제 안산)

큰앵초(설악산 흘림골)

세잎종덩굴(함백산)

눈개승마(함백산)

좁쌀처럼 꽃을 피우는
참좁쌀풀

　　노란색 작은 꽃들이 다닥다닥 붙어서 피는 모습이 마치 좁쌀이 영글어 가는 모습과 비슷하여 생겨난 이름이다. 보통 '참' 자가 붙으면 '진짜' 또는 '작다'는 뜻을 가지며, 여기에서는 진짜라는 뜻을 담고 있다. 좁쌀풀과는 달리 꽃 가운데 선명한 붉은색 무늬가 있는 것이 차이점이다. **참좁쌀까치수염**, **고려까치수염**, **참까치수염**, **고려꽃꼬리풀**, **조선까치수염**이라고도 한다.

학명 | *Lysimachia coreana* Nakai

키는 좁쌀풀이 60~80cm이고, 참좁쌀풀이 50~100cm로 더 크다. 줄기는 곧게 서고 전체에 털이 거의 없다. 잎은 길이 2.5~9cm, 너비 1.2~4cm로 타원형이며 표면과 뒷면의 끝에 잔털이 나 있다. 꽃은 6~7월에 지름 1.5~2cm의 노란색으로 피며 윗부분의 잎겨드랑이에서 곧추선다. 열매는 9~10월경에 지름 약 0.4cm의 둥근 모양으로 달린다.

앵초과에 속하는 여러해살이풀로 습기가 많은 반그늘의 비옥한 토양을 좋아한다. 우리나라의 경상북도, 강원도, 경기도와 지리산 일대의 산에서 자라는 우리나라 특산식물이다. 키가 크며 잎이 많이 달리기 때문에 관상 가치가 높다.

참좁쌀풀(태기산)

함께 볼 수 있어요!

꽃개회나무(인제 안산)

범꼬리(인제 안산)

큰꽃옥잠난초(홍천 남면) 　　　　　　　　분홍바늘꽃(평창)

두메애기풀(선돌)

천마(홍천 남면)

제비난초(대덕산)

산솜다리(설악산 흘림골)

산솜다리(인제 안산)

이끼계곡(영월 상동)

이끼폭포(삼척 무건리)

출사시기 및 장소

7월 초

아마풀	• 강원도 영월군 남면 창원리 1181
개잠자리난초	• 강원도 영월군 영월읍 영흥리 산134-4 영월 장릉 엄흥도 정여각
너도수정초	• 강원도 영월군 영월읍 방절리 122
병아리난초, 나나벌이난초	• 강원도 홍천군 북방면 도사곡리 94 / 162
구름제비란, 계우옥잠난초, 다리난초, 나도씨눈란	• 강원도 정선군 고한읍 만항재
옥잠난초	• 강원도 태백시 화전동 금대봉길
큰바늘꽃	• 강원도 삼척시 신기면 서하리 30
터리풀, 범꼬리	• 강원도 횡성군 둔내면 태기리 산1-5 태기산
솔나리, 일월비비추, 누른하늘말나리, 하늘말나리, 동자꽃	• 강원도 홍천군 서석면 청량리 32 / 33 운무산
금꿩의다리	• 강원도 평창군 대관령면 횡계리 14-287 대관령마을휴게소 → 선자령 등산로
갯청닭의난초, 너도수정초	• 강원도 삼척시 근덕면 상맹방리 241-9 상맹방해수욕장
분홍바늘꽃	• 강원도 평창군 대관령면 횡계리 704-6 삼양대관령목장 바람의 언덕
대흥란	• 강원도 삼척시 미로면 동산리 1

7월 중	솔나리	• 강원도 홍천군 서석면 청량리 산180-3 운무산 정상 등산로 • 강원도 횡성군 청일면 속실리 먼드래재 • 강원도 삼척시 신기면 안의리 덕항산 등산로 정상 주변
	순채, 각시수련	• 강원도 고성군 토성면 봉포리 301 • 강원도 고성군 죽왕면 삼포리 산54-11 / 233
	해란초	• 강원도 양양군 양양읍 조산리 399-45
	옥잠난초, 청닭의난초, 쥐털이슬	• 강원도 정선군 고한읍 고한리 산216-17
	분홍바늘꽃, 계우옥잠난초, 나도씨눈란	• 강원도 정선군 고한읍 만항재
	나도씨눈란	• 강원도 평창군 대화면 하안미리 산153-1 대덕사
	이삭단엽란	• 강원도 태백시 황지동 176-1
	왜박주가리, 기장대풀(흰색)	• 강원도 영월군 영월읍 영흥리 산134-4 영월 장릉 / 산133-1 엄흥도정려각
	금꿩의다리(흰색)	• 강원도 평창군 대관령면 횡계리 14-287 대관령마을휴게소 → 선자령 등산로

> 출사시기 및 장소

7월 말

꽃장포	• 강원도 철원군 동송읍 장흥리 2-1 철원 승일교 • 강원도 철원군 동송읍 장흥리 93-11 절벽 밑
나도여로	• 강원도 강릉시 옥계면 산계리 1515 석병산 정상 부근
대흥란	• 강원도 강릉시 옥계면 북동리 61 옥계저수지
제비동자꽃, 애기앉은부채	• 강원도 평창군 대관령면 횡계리 14-287 대관령마을휴게소 → 선자령 등산로
독미나리	• 강원도 평창군 대관령면 차항리 266 / 266-23
너도수정초	• 강원도 영월군 영월읍 방절리 373-1 선돌
솔나리 풍경버전	• 강원도 태백시 창죽동 9-384 매봉산 풍력발전단지
바람꽃, 가는다리장구채, 새며느리밥풀(흰색)	• 강원도 양양군 서면 오색리 483 설악산 대청봉 주변

미국에서는 위해 잡초, 한국에서는 희귀식물

큰바늘꽃

꽃이 지고 나면 씨방이 가늘고 길쭉하게 자라는데 그 모양이 바늘을 닮아서 바늘꽃이라는 이름이 붙었다. 비슷한 종이 상당히 많은데, 그중에서도 키가 가장 크고 꽃잎도 상대적으로 길어서 큰바늘꽃이라 부른다. 다른 이름으로는 **산바늘꽃**이라고도 한다.

키가 1m 내외로 자라나 크게는 2m에 이르기도 한다. 뿌리줄기는 옆으로 길게 뻗으며 굵은 땅속줄기가 발달한다. 원줄기는 곧게 자라고 가지가 많이 갈라진다. 아래의 잎은 마주나고 위의 잎은 모여나며, 길이 3~10cm, 너비 0.5~1.8cm의 좁은 타원형이다. 잎 끝은 뾰족하며 아래는 좁아져서 줄기를 약간

큰바늘꽃(삼척 신기면)

감싼다. 잎 가장자리에는 뾰족한 톱니가 있다. 꽃은 8월에 줄기 끝이나 가지 끝에 연한 홍색으로 피며, 짧은 선모가 빽빽하고 긴 털이 섞여 있다. 꽃잎은 길이가 0.8~2cm로 끝이 2개로 갈라지고, 꽃자루는 길이 2cm 이하로 짧다. 암술머리는 4개로 갈라진다. 열매는 여러 개의 씨방으로 구성되어 있으며 8~9월에 익는다. 열매의 길이는 5~8cm이며, 씨앗은 긴 타원형으로 유두 같은 돌기가 빽빽이 나 있다.

바늘꽃과의 여러해살이풀로 우리나라와 일본, 중국, 러시아, 중앙아시아, 인도, 유럽, 북아프리카, 오스트레일리아 등지에 분포한다. 미국이나 오스트레일리아 등지에서는 농작물에 피해를 줄 정도로 매우 왕성하게 퍼져 있다. 특히 미국의 매사추세츠 주와 워싱턴 주에서는 농작물과 생태계를 위협하는 위해잡초로 지정해 관리하고 있을 정도이다. 그러나 우리나라에서는 분포지가 매우 한정적인 희귀식물로 강원도, 함경도 등의 산지 및 하천변 습지에서 드물게 자란다. 2012년에 멸종위기 야생생물로 지정되었다.

큰바늘꽃(삼척 신기면)

학명 | *Epilobium hirsutum* L.

큰바늘꽃

🚶 함께 볼 수 있어요!

네귀쓴풀(설악산 대청봉)

벌깨풀(환선굴)

갯청닭의난초(상맹방해수욕장)

키다리난초(연녹색, 만항재)

키다리난초(만항재)

이삭단엽란(함백산)

새아씨처럼 예쁜

솔나리

잎이 솔잎을 꼭 닮은 나리꽃이어서 솔나리라는 이름을 얻었다. **솔잎나리**, **검솔잎나리**라고도 하며 꽃말은 '새아씨'이다. 비슷한 종류로는 흰색 꽃이 피는 흰솔나리와 검은빛이 도는 홍자색 꽃이 피는 검은솔나리가 있다.

나리를 구분하기 위해서는 꽃이 어디를 향하는지 보는 것이 가장 쉬운 방법이다. 하늘을 향하면 하늘나리, 땅을 향하면 땅나리, 중간쯤을 향하면 중나리라고 부른다. 말나리는 아래 잎이 마치 우산살처럼 둥그렇게 나 있다.

솔나리는 키가 70cm 정도로 자란다. 잎은 다닥다닥 어긋나면서 올라가는데 길이 10~15cm, 너비 0.1~0.5cm로 솔잎처럼 좁고 가늘며 뾰족하다. 꽃은 7~8월에 피는데 원줄기 끝과 가지 끝에 1~4송이가 밑을 향해 달린다. 꽃의 색은 짙은 홍자색이고 안쪽에 자주색 반점이 있다. 꽃의 길이는 2.5~4.2cm, 너비는 약 0.8cm이다. 암술이 수술보다 길어서 꽃잎 밖으로 길게 나와 있다. 열매는 9~10월에 익고 편평하며 갈색이다.

백합과에 속하는 다년생 구근식물로, 양지 혹은 반그늘의 물 빠짐이 좋은 곳에서 자란다. 우리나라 강원도 이북 지방과 중국 동북부, 우수리 강 등지에 분포한다. 주로 관상용으로 쓰이며 비늘줄기는 식용으로도 쓰인다. 또 약용으로도 쓰이는데 이때는 꽃은 백합화(百合花), 씨앗은 백합자(百合子)라고 부른다. 환경부에 의해 보호 식물로 지정되었다.

학명 | *Lilium cernuum* Kom.

솔나리(운문산)

솔나리(매봉산)

함께 볼 수 있어요!

말나리(대청봉)

꽃장포(철원)

대흥란(삼척)

너도수정초(영월 선돌 주변)

등대시호(대청봉)

각시취(함백산)

출사시기 및 장소

8월 초

수련	• 강원도 춘천시 삼천동 200-3 춘천수변공원 • 강원도 춘천시 삼천동 200-7 의암호
어리연꽃	• 강원도 춘천시 송암동 709-1 의암호
원추리	• 강원도 양구군 동면 팔랑리 845-4 / 848 / 215 도솔산지구 전투위령비
산오이풀	• 강원도 양양군 서면 오색리 483 설악산 대청봉 주변
배추밭	• 강원도 강릉시 왕산면 대기리 2214-256 / 2214-254
제비동자꽃	• 강원도 평창군 대관령면 횡계리 14-111 대관령 마을휴게소 → 뒷편 선자령 등산로
구름병아리난초, 이삭단엽란	• 강원도 태백시 소도동 산78-2 만항재
개아마, 수박풀	• 강원도 영월군 남면 창원리 1181
개잠자리난초	• 강원도 영월군 영월읍 영흥리 산134-4 영월 장릉 엄흥도 정여각
무궁화	• 강원도 영월군 한반도면 옹정리 산137-1
구름병아리난초	• 강원도 삼척시 가곡면 풍곡리 산128-62 석개재 → 삼척
구름송이풀	• 강원도 강릉시 왕산면 목계리 산460-84 삽당령 → 석병산 • 강원도 홍천군 내면 광원리 1845-5 방태산 자연휴양림 → 방태산 정상 부근

8월 중

가시연꽃	• 강원도 강릉시 운정동 12-4 경포호
흰둥근이질풀	• 강원도 태백시 황지동 산176-12 함백산

애기앉은부채	• 강원도 삼척시 교동 85-5 비치조각공원 맞은편 습지
구름송이풀, 솔체꽃, 솔나리, 흰금강초롱꽃, 흰장구채	• 강원도 인제군 북면 한계리 87-1 설악산국립공원 장수대분소
병아리풀(흰색), 개아마, 수박풀	• 강원도 영월군 북면 연덕리 853 / 850-1
노랑투구꽃, 백부자, 개아마	• 강원도 정선군 남면 낙동리 260-4 / 271
왕과 암꽃	• 강원도 정선군 정선읍 덕우리 243 덕산기계곡
솔체꽃(흰색)	• 강원도 평창군 대화면 하안미리 산153-1 대덕사
가는다리장구채	• 강원도 평창군 방림면 운교리 1088 백덕산 정상 부근
구름송이풀, 구름체꽃, 금강초롱꽃, 꼬리풀, 닻꽃, 바위떡풀, 촛대승마, 배초향, 흰꽃나비나물	• 미산리 – 용늪골 – 깃대봉 – 풋대봉 – 배달은석 – 능선 – 용늪골 – 미산리 • 강원 인제군 상남면 미산리 85 방태산 깃대봉

8월 말

애기나팔꽃	• 강원도 화천군 하남면 서오지리 28 연꽃단지
큰잎쓴풀	• 강원도 고성군 토성면 원암리 산114-2 미시령옛길
금강초롱꽃	• 강원도 양양군 서면 오색리 산1-30 흘림골 여심폭포
다북떡쑥	• 강원도 양양군 손양면 가평리 15-3
물고추나물	• 강원도 고성군 토성면 봉포리 301 천진호

> 출사시기 및 장소

8월 말

금강초롱꽃	• 강원도 인제군 기린면 진동리 122-1 진동호 주변
산토끼풀	• 강원도 인제군 기린면 진동리 109-2
분홍장구채	• 강원도 홍천군 북방면 도사곡리 96
흰금강초롱꽃	• 강원 평창군 진부면 동산리 308-10 오대산 미륵암
애기앉은부채	• 강원도 평창군 대관령면 횡계리 14-287 선자령
진땅고추풀, 참새외풀, 긴두잎갈퀴, 논뚝외풀	• 강원도 홍천군 동면 덕치리 19 수타사 수생식물원
다북떡쑥	• 강원도 강릉시 왕산면 대기리 산2-209

꽃이 아래로 내려오면서 다닥다닥 피는

산오이풀

잎에서 오이 향이 폴폴 난다는 이유에서 오이풀이라고 불리는 식물이 있다. 혹은 수박 향이 나서 **수박풀**이라고도 하고, 참외 향이 나서 **외풀**이라고도 한다. 산오이풀은 일반 오이풀보다 크기가 조금 더 작은 편이다.

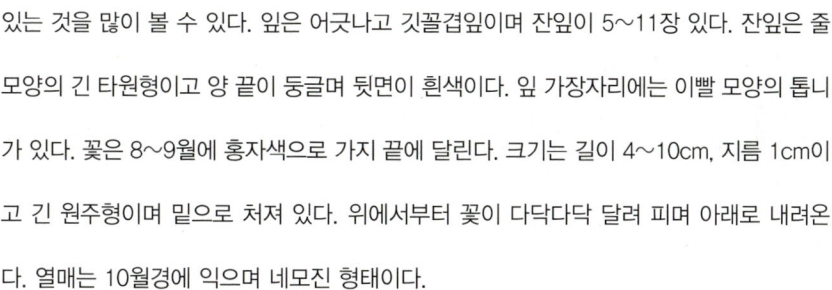

키는 50~70cm이다. 뿌리는 산짐승들이 좋아하는 먹잇감이기 때문에 자생지에서는 뿌리가 파헤쳐져 있는 것을 많이 볼 수 있다. 잎은 어긋나고 깃꼴겹잎이며 잔잎이 5~11장 있다. 잔잎은 줄 모양의 긴 타원형이고 양 끝이 둥글며 뒷면이 흰색이다. 잎 가장자리에는 이빨 모양의 톱니가 있다. 꽃은 8~9월에 홍자색으로 가지 끝에 달린다. 크기는 길이 4~10cm, 지름 1cm이고 긴 원주형이며 밑으로 처져 있다. 위에서부터 꽃이 다닥다닥 달려 피며 아래로 내려온다. 열매는 10월경에 익으며 네모진 형태이다.

장미과에 속하는 여러해살이풀로 산 정상이나 중턱 이상의 햇볕이 잘 드는 곳에서 자란다. 주로 우리나라 중부 이북 지방과 만주에 분포한다. 관상용으로 쓰이며 어린순은 식용으로, 뿌리는 약용으로 쓰인다.

산오이풀(설악산 성인대)

학명 | *Sanguisorba hakusanensis* Makino

함께 볼 수 있어요!

잔대(정선 만항재)

금강초롱꽃(인제 진동호)

금강초롱꽃(오대산)

왕과(암꽃, 덕산기계곡)

구름병아리난초(함백산)

큰잎쓴풀(설악산 성인대)

제비동자꽃(평창 선자령)

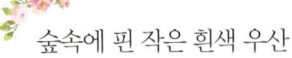
숲속에 핀 작은 흰색 우산

흰둥근이질풀

이질풀의 학명은 제라니움(Geranium)이다. 그리스어로 학을 뜻하는 제라노스(Geranos)에서 유래되었는데, 열매의 모양이 꼭 학의 부리와 같아서 붙여진 이름이라고 한다. 우리나라에서는 이질에 걸렸을 때 이 풀을 달여 마시면 낫는다 하여 이질풀이라 부르게 됐다. 이름에 어울리지 않게 꽃이 매우 예쁘다. 산길을 걷다 보면 길가에 홍자색의 꽃이 피어 발걸음을 멈추게 한다.

둥근이질풀은 꽃이 연분홍색이며 지름이 2cm 정도로 크고 꽃잎의 가장자리가 둥그스름하여 흡사 5장의 꽃잎이 우산을 펼친 것 같다. 이 둥근이질풀과 거의 같으나 흰 꽃이 피는 것이 흰둥근이질풀이다.

흰둥근이질풀의 키는 1m 정도이며, 포기 전체에 털이 나고 줄기는 곧게 선다. 뿌리잎은 잎자루가 길지만 줄기잎의 잎자루는 짧거나 없다. 잎은 마주나고 3~5갈래로 갈라지며 갈래조각은 끝이 뾰족하고 톱니가 있다. 잎자루 밑에 붙은 1쌍의 잔잎은 넓은 달걀 모양으로 반투명한 얇고 부드러운 막과 같은 상태이다. 꽃은 6~8월에 흰색으로 피는데 지름은 2cm 정도이다. 꽃잎은 5장으로 둥근 달걀 모양이고, 수술은 10개, 암술은 1개이다. 열매는 9월에 익는데, 여러 개의 씨방으로 구성되어 있으며 길이 3cm 정도의 털이 달린다.

쥐손이풀과에 속하는 여러해살이풀로 경기도 이북의 깊은 산 풀밭에서 자란다. 관상용으로 심고, 전초는 약재로 쓴다. 음식에 체하여 비롯된 이질인 적리와 변비, 위궤양, 대하증, 방광염 등에 처방한다.

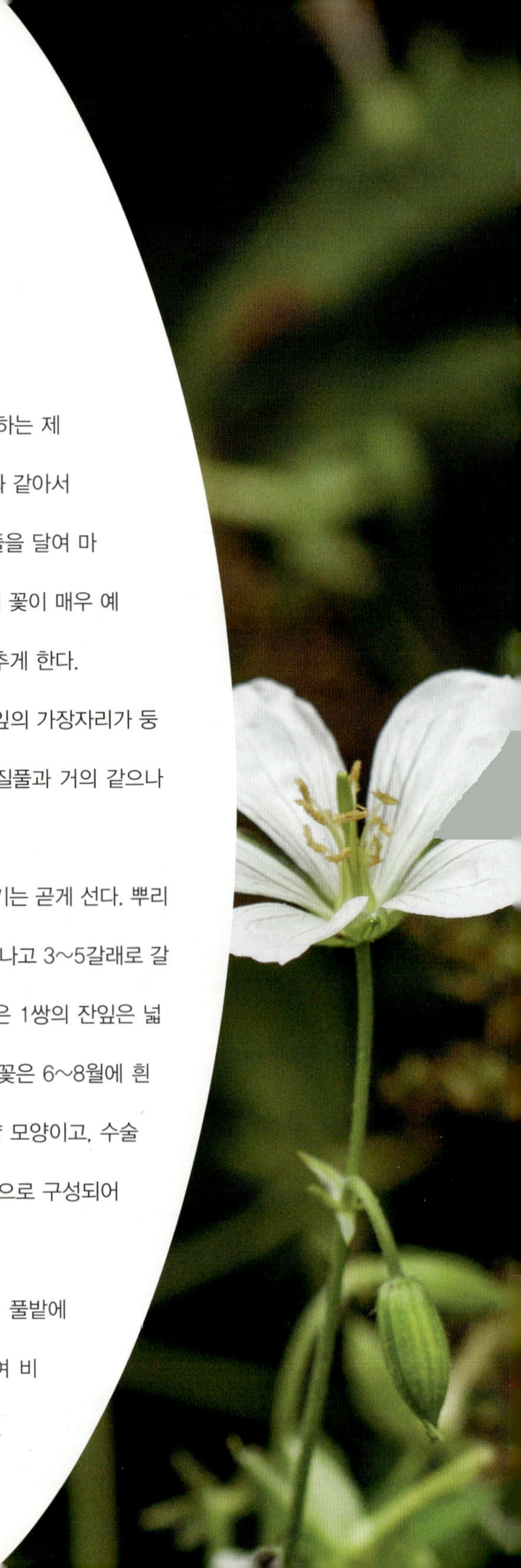

학명 | *Geranium koreanum* f. *albidum* Kom.

흰둥근이질풀(함백산)

흰둥근이질풀(함백산)

함께 볼 수 있어요!

봉래꼬리풀(미시령 옛길)

고려엉겅퀴(인제 진동호)

수박풀(영월 남면)  　　　　　　　　　만삼(오대산)

흰모시대(오대산)

솔체꽃(흰색, 대덕사)

설악산 성인대

9월

> 출사시기 및 장소

9월 초

쑥부쟁이	• 강원도 양구군 동면 비아리 산1-2 도솔산지구 전투위령비
투구꽃(옥색), 흰각시취, 각시취	• 강원도 태백시 황지동 산176-12 함백산
놋젓가락나물, 애기닭의장풀, 촛대승마, 투구꽃(흰색)	• 강원도 평창군 대관령면 횡계리 14-111 선자령 등산로
큰잎쓴풀(흰색), 산부추(흰색)	• 강원도 강릉시 주문진읍 향호리
큰잎쓴풀	• 강원도 평창군 대관령면 횡계리 산2-32 • 강원도 강릉시 강동면 안인진리 산39-21
분홍장구채	• 강원도 철원군 갈말읍 군탄리 707-15 / 65-2 한탄강 주변 • 강원도 철원군 갈말읍 내대리 147-1 철원 승일교 주변

9월 중

구절초	• 강원도 양구군 동면 팔랑리 845-4 도솔산지구 전투위령비
바위구절초	• 강원도 정선군 임계면 임계리 1330 / 3 석병산
꽃향유	• 강원도 양구군 동면 팔랑리 845-4 도솔산지구 전투위령비

9월 말

물매화
- 강원도 정선군 정선읍 덕우리 243 덕산기계곡
- 강원도 정선군 신동읍 운치리 산65-1 / 정선읍 가수리 410-2

포천구절초, 개버무리, 개차즈기
가는기름나물, 더위지기, 물매화
구절초, 일출과 운해(풍경)
- 강원도 정선군 신동읍 운치리 1165-16
- 강원도 평창군 대화면 하안미리 산153-1 대덕사
- 강원도 고성군 토성면 신평리 산136-11 신선암

나도송이풀
- 강원도 인제군 기린면 진동리 122-1 진동호 주변

포천구절초
- 강원도 철원군 동송읍 장흥리 336-3 직탕폭포
- 강원도 철원군 갈말읍 상사리 70-1 한탄강
- 강원도 철원군 동송읍 장흥리 2-1 철원 승일교

꼬인용담
- 강원도 정선군 고한읍 고한리 산2-140 금대봉

좁은잎덩굴용담
- 강원도 태백시 창죽동 146-5 검룡소

강원도

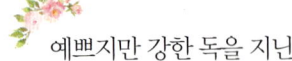

예쁘지만 강한 독을 지닌
투구꽃

꽃 모양이 마치 로마 병정이 쓰던 투구 같아서 투구꽃이라고 한다. 영어 이름은 멍크후드(Monk's hood)인데 '수도승의 두건'을 뜻한다. 그래서인지 이 꽃을 보고 있노라면 얼굴을 드러내지 않으려는 수도승을 보는 듯하다. 옛날 우리 조상들이 쓰던 모자인 남바위나 고깔을 닮기도 했다. **선투구꽃, 개싹눈바꽃, 진돌쩌귀, 싹눈바꽃, 세잎돌쩌귀, 그늘돌쩌귀**라고도 한다. 꽃말은 '밤의 열림', '산까치'이다.

키는 약 1m이다. 뿌리는 새의 발처럼 생기고, 줄기는 곧게 선다. 잎은 어긋나며 잎자루 끝에서 손바닥을 편 모양처럼 3~5갈래로 깊이 갈라진다. 꽃은 8~9월에 자주색 혹은 흰색으로 피는데, 여러 송이가 줄기 아래에서 위로 어긋나게 올라가며 달린다. 열매는 10~11월에 타원형으로 맺으며 뾰족한 암술대가 남아 있다.

미나리아재비과에 속하는 여러해살이풀로 러시아, 중국 북동부, 우리나라에 분포한다. 우리나라 각처의 산에서 반그늘 혹은 양지의 물 빠짐이 좋은 곳에서 자란다. 식물 중에서도 가장 강한 독을 가진 것으로 알려져 있다. 인디언들은 옛날에 이 투구꽃의 즙으로 독화살을 만들기도 했다고 전해진다. 뿌리를 약재로 쓰는데 맹독식물로 유명하지만 잘 이용하면 좋은 효과를 얻을 수 있다. 약재로 쓸 때에는 초오(草烏)라고 부른다. 관상용으로도 쓴다.

학명 | *Aconitum jaluense* Kom.

투구꽃(함백산)

투구꽃(연보라색, 함백산)

함께 볼 수 있어요!

촛대승마(함백산)

애기닭의장풀(흰색, 평창 선자령)

흰각시취(함백산)

포천구절초(직탕폭포)

구절초(도솔산)

산비장이(도솔산)

여름부터 가을까지 정겨운 꽃

쑥부쟁이

　가을이 다가오면 산과 들에 국화꽃처럼 보이는 비슷비슷한 꽃들이 많이 피는데 쑥부쟁이와 구절초가 대표적이다. 이 둘을 비교하자면, 쑥부쟁이가 구절초보다 꽃과 꽃잎이 더 작다. 또 쑥부쟁이는 꽃잎 사이가 촘촘한데 구절초는 약간 틈이 있는 점도 다르다. 꽃의 색이 흰색이면 구절초, 자주색이면 쑥부쟁이로 알아두면 편리하다. 쑥부쟁이는 어느 곳에서나 쉽게 볼 수 있어서 아주 정겨운 야생화이기도 하다. 꽃은 국화나 장미처럼 화려하지 않고 그저 수수하기만 하다. **권영초**, **왜쑥부쟁이**, **쑥부장이**라고도 불린다.

　키는 35~50cm이다. 뿌리줄기가 옆으로 벋으며 원줄기가 처음 나올 때에는 붉은색이 돌지만 점차 녹색 바탕에 자줏빛을 띤다. 잎은 길이 5~6cm, 너비 2.5~3.5cm로 타원형이다. 잎자루가 길고 잎 끝에는 큰 톱니 모양과 털이 나 있으며 처음 올라온 잎은 꽃이 필 때 말라 죽는다. 잎의 겉면은 녹색이고 윤이 나며 위쪽으로 갈수록 크기가 작아진다. 꽃은 7~10월에 가지 끝과 원줄기 끝에서 여러 송이가 달린다. 색에 따라 모양이 조금 다른데, 꽃잎이 합쳐져 1개의 꽃잎처럼 된 꽃은 자주색이고, 꽃부리의 형태가 가늘고 긴 통 모양인 꽃은 노란색이다. 열매는 9~10월경에 달리고 씨앗 끝에 붉은색이 도는 갓털이 있으며 길이는 0.3cm 정도이다.

　국화과에 속하는 여러해살이풀로 우리나라와 일본, 중국, 시베리아에 분포한다. 우리나라에서는 갖춰 산과 들의 반그늘 혹은 양지에서 자란다. 어린순은 식용하는데 데쳐서 나물로 먹거나 기름에 볶아 먹기도 한다.

학명 | *Aster yomena* (Kitam.) Honda

쑥부쟁이(도솔산)

쑥부쟁이(도솔산)

함께 볼 수 있어요!

개버무리(덕산기계곡)

좁은잎덩굴용담(검룡소)

꼬인용담(금대봉)

부추(동해 추암)

참당귀(도솔산)

출사시기 및 장소

10월 초

해국	• 강원도 동해시 추암동 398-7 추암 • 강원도 삼척시 근덕면 장호리 1-5 장호항
애기앉은부채	• 강원도 삼척시 교동 85-5
물매화	• 강원도 삼척시 미로면 고천리 559-1 • 강원도 강릉시 옥계면 산계리 821-2 • 강원도 강릉시 옥계면 북동리
좀바위솔	• 강원도 강릉시 옥계면 남양리 산291-5 백봉령 • 강원도 철원군 갈말읍 군탄리 707 대한수도원 • 강원도 인제군 상남면 미산리 358 미산계곡
큰잎쓴풀	• 강원도 동해시 대진동 산28-1 • 강원도 강릉시 강동면 안인진리 산39-21
단풍(풍경)	• 강원도 인제군 희운각 대피소 • 강원도 인제군 기린면 방동리 282-1 방태산 자연휴양림
흰자주쓴풀	• 강원도 영월군 임도 한반도지형 전망대 등산로
강부추	• 강원도 철원군 갈말읍 내대리 311-3 취수장 우측
좀바위솔, 강부추(흰색)	• 강원도 철원군 갈말읍 상사리 80-4 한탄강
포천구절초, 강부추	• 강원도 철원군 동송읍 장흥리 336-3 직탕폭포
자작나무 숲(풍경)	• 강원도 인제군 인제읍 원대리 763-4

10월 중

정선바위솔
- 강원도 정선군 화암면 몰운리 산109-8 / 457-1 몰운대
- 강원도 정선군 화암면 화암리 205

정선바위솔, 마키노국화
- 강원도 정선군 남면 무릉리 민둥산 너덜지대

해국
- 강원도 삼척시 근덕면 부남리 84 / 42

10월 말

둥근바위솔
- 강원도 고성군 죽왕면 문암진리 10-84 백도해수욕장
- 강원도 삼척시 교동 378 작은후진해수욕장
- 강원도 동해시 추암동 6-1 추암해수욕장
- 강원도 삼척시 근덕면 장호리 1-5 장호항
- 강원도 고성군 죽왕면 오봉리 9-34 송지호쉼터 주변

해란초
- 강원도 양양군 양양읍 조산리 399-22 낙산해수욕장

분홍개미자리
- 강원도 양양군 손양면 수산리 50-1 수산해변

꼬리겨우살이
- 강원도 양양군 서면 서림리 150-25 터널 앞에서 옛길 조침령 양양 방면

겨우살이, 꼬리겨우살이
- 강원도 강릉시 왕산면 대기리 2214-168 안반데기

정선바위솔
- 강원도 삼척시 가곡면 풍곡리 837 가곡자연휴양림

겨우살이
- 강원도 홍천군 내면 명개리 산1-35 구룡령

출사시기 및장소

10월 말

단풍(풍경)	• 강원도 삼척시 하장면 숙암리 산108-3 광동호
섶다리, 메타세쿼이아 가로수길(풍경)	• 강원도 영월군 주천면 판운리 474-3 / 488-4
한반도지형 자작나무 숲(풍경)	• 강원도 인제군 남면 수산리 760 / 남면 어론리 754-2
바위솔	• 강원도 홍천군 북방면 도사곡리 103

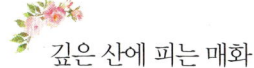

깊은 산에 피는 매화

물매화

매화는 장미과에 속하는 매실나무 혹은 매화나무에 피는 꽃을 가리킨다. 이름에 '매화'가 붙는 식물은 금매화, 황매화, 돌매화 등 여러 가지가 있는데 모두가 매화 종류인 것은 아니다. 예로부터 아름답고 향기가 있는 꽃에는 매화라는 이름을 따서 붙이곤 했다.

물매화 역시 이름만 들어서는 물에서 자라는 매화라고 생각하기 쉽지만, 사실 매화나무와는 전혀 다른 종류이다. 단지 물기가 있는 땅에서 피는 매화를 닮은 꽃이라는 뜻에서 붙여진 이름이다. 매화 모양의 꽃이 피는 풀이란 의미로 **매화초(梅花草)**라고도 부르고 **물매화풀**, **풀매화**라고도 부른다.

물매화는 우리나라 각처의 산에서 자라는 숙근성 여러해살이풀로, 햇볕이 잘 드는 양지와 습기가 많지 않은 산기슭에서 자란다. 고산지대에 자라면서 매혹적인 꽃을 피우고 향기까지 발산하여 벌과 나비를 유인하는 식물이다.

물매화(옥계면)

학명 | *Parnassia palustris* L.

물매화(옥계면)

함께 볼 수 있어요!

해국(추암)

사데풀(추암)

해란초(낙산해수욕장)

용담(한탄강)

산부추(동해)

한탄강

강부추(한탄강)

기와 위에서 자라는 솔
바위솔

바위솔이란 바위에 붙어 자라는 소나무라는 뜻이다. 또 오래된 집의 기왓장 사이에서도 자라기 때문에 **와송(瓦松)**이라고도 불린다. 한자어로는 **와련화(瓦蓮華)**라고 하는데 기와지붕 위에 핀 연꽃 같다는 뜻에서 붙은 이름이다. **기와버섯**이라고도 불리며 **지붕직이**, **넓은잎지붕지기**, **오송**, **넓은잎바위솔**이라고도 불린다.

일련의 이름들에서 드러나듯 참으로 독특한 생존 방법을 가진 식물이 아닐 수 없다. 또 여러해살이풀임에도 불구하고 꽃이 피고 열매를 맺고 나면 말라 죽는 것도 특이한 점이다.

키는 20~40cm이다. 잎은 두툼한 다육질에 끝부분은 가시처럼 날카롭다. 잎이 원줄기에 많이 붙어 있어 마치 방석 같은 모양을 만든다. 꽃은 9월에 흰색으로 피는데, 줄기 아랫부분에서부터 점차 위쪽으로 올라가며 달린다. 꽃대가 나와서 아래에서 위로 올라가면 촘촘하던 잎들이 모두 줄기를 따라 올라가며 느슨해지다가, 꽃이 피고 씨앗이 맺히면 잎은 말라 죽은 상태로 남아 있게 된다. 꽃봉오리의 모양이 소나무의 수꽃에 해당하는 부분을 닮았다.

바위솔은 돌나물과에 속하는 여러해살이풀로 햇빛이 잘 드는 바위나 집 주변의 기와에서 자란다. 우리나라와 일본, 만주에 분포하며, 우리나라 각처의 산과 바위에서 자란다. 관상용으로 쓰이며, 특히 둥근바위솔은 자라는 모양이 특이해서 관상용으로 인기가 높다. 꽃을 포함한 전초는 약재로 사용한다.

학명 | *Orostachys japonica* (Maxim.) A. Berger

정선바위솔(정선)

 함께 볼 수 있어요!

좀바위솔(한탄강)

둥근바위솔(백도해수욕장)

꼬리겨우살이(매봉산)

한반도지형 자작나무 숲(인제 수산리)

자작나무

방태산

부산·경상남도에서 만난 야생화와 풍경

경상남도 산청군과 합천군 사이에 걸쳐 있는 황매산은 목초지처럼 능선이 완만해 누구나 힘들이지 않고 오를 수 있는 산이다. 철쭉 군락지가 있어 철쭉제가 열리는 봄이면 만개한 꽃들이 산을 진홍빛으로 물들인다. 산상의 화원이 바로 이곳이다. 그러다 아침저녁 기온이 내려가고 서리가 내리기 시작한다는 상강(霜降)이 지나면 산은 언제 그랬냐는 듯 은빛 억새로 옷을 갈아입는다. 햇살을 가득 머금은 억새들이 눈부시게 더욱 아름답다.

> 출사시기 및 장소

3월 초

매실나무
- 경상남도 양산시 원동면 원리 1107-4 순매원
- 경상남도 김해시 구산동 180 김해건설공고
- 경상남도 양산시 하북면 지산리 251-3 통도사
- 경상남도 거제시 일운면 구조라리 62-3 구조라초등학교

일출(풍경)
- 경상남도 거제시 장승포동 549-9 장승포항
- 경상남도 거제시 남부면 저구리 산90-450 소병대도

수선화
- 경상남도 거제시 일운면 와현리 94-1수선화 군락지

모래그림(풍경)
- 경상남도 거제시 덕포동 51-12 덕포해수욕장

S라인 궤적 / 별 궤적(풍경)
- 경상남도 함양군 함양읍 구룡리 산119-7 함양 지안재

3월 중

녹화복수초
- 경상남도 고성군 상리면 동산리 667-2 쥬라기골프리조트 계곡

새끼노루귀
- 경상남도 거제시 동부면 구천리 산103 거제자연휴양림

석창포
- 경상남도 창원시 진해구 대장동 177-8 성흥사계곡

3월 말

유채
- 부산광역시 강서구 대저1동 1-38 대저생태공원

4월 초

유채	• 경상남도 거제시 남부면 갈곶리 산35-20
진달래	• 경상남도 거제시 연초면 명동리 1 대금산
복사나무	• 경상남도 남해군 이동면 다정리 963-1 다초지
동백나무, 벚나무	• 경상남도 창원시 마산합포구 덕동동 322-4
산쪽풀	• 경상남도 통영시 한산면 매죽리 104-1 매물도
진달래, 벚나무	• 부산광역시 연제구 연산동 2039-1 황령산

4월 중

진달래	• 경상남도 창녕군 창녕읍 옥천리 산 323-1 화왕산 드라마허준세트장 • 경상남도 함안군 칠원읍 무기리 65-2 천주산

4월 말

남바람꽃	• 경상남도 함안군 대산면 장암리 333 함안 반구정
갯냉이, 벋음씀바귀	• 부산 남구 용호동 이기대 바닷가

선비의 기개를 상징하는 매화꽃
매실나무

겨울이 끝을 향해 달리고 사람들이 봄을 기다릴 무렵 부지런히 피어나는 꽃이 매화이다. 아직 날이 풀리기도 전에 가지에 물이 오르고 잎보다 꽃이 먼저 피어나 은은한 향기를 퍼뜨린다. 이런 점 때문에 매화는 예로부터 선비의 기개를 상징하는 꽃으로 여겨졌으며 시나 그림의 소재로도 자주 등장하였다. **매화나무**라고도 하며, 매화꽃이 지고 나서 달리는 열매가 매실이다.

키는 4~6m, 지름 60cm 정도이다. 잎은 어긋나며 길이 4~10cm이고, 밑부분이 둥근 달걀 모양 또는 타원형이고 가장자리에는 잔 톱니가 있다. 잎 양면에 털이 약간 있으며 뒷면 잎맥이 잎몸과 맞닿는 부분에 갈색 털이 있다. 잎 넓은 쪽의 아랫부분 또는 잎자루 윗부분에 막대 모양의 털이 있다. 잎자루 밑에 붙은 한 쌍의 잔잎은 길이 0.5~0.9cm이다. 일년생가지는 녹색이지만 오래된 가지는 암자색으로 나무껍질은 갈라진다. 꽃은 4월에 잎보다 먼저 핀다. 전년도에 난 잎겨드랑이에 1~3개씩 달리며 꽃자루는 거의 없다. 지름 2.5cm 내외로 향기가 강하고 색깔이 다양한데 기본종은 분홍색이다. 꽃받침은 5개로 자갈색의 타원형이다. 꽃잎은 넓은 거꾸로 된 달걀 모양으로 끝이 둥글고 많은 수술이 1개의 암술을 울타리처럼 보호하고 있다. 씨방에 털이 빽빽하게 나 있다. 열매는 6~7월에 녹색에서 황록색으로 익으며 먹으면 신맛이 난다. 열매의 한쪽에 얕은 골이 지며 지름 2~3cm로 겉은 짧은 털로 덮여 있고 안에는 단단한 핵으로 싸인 씨가 있다. 씨앗은 과육과 잘 떨어지지 않으며 씨앗 표면에 작은 구멍이 많다.

일본, 타이완, 중국 등지에도 분포하며 우리나라의 전라남도, 전라북도, 경상남도, 충청남도, 충청북도, 경기도, 황해도 등지에서 야생으로 자라거나 재배한다. 물 빠짐이 좋고 주변에 습도가 높은 강가를 중심으로 자라고 내염성이 약한 편이어서 해안 지방에서는 잘 자라지 못한다.

학명 | *Prunus mume* (Siebold) Siebold & Zucc.

매실나무

매실나무(순매원)

매실나무(김해건설공고)

매실나무(홍색, 통도사)

부산·경상남도

천진난만한 남도의 여인

남바람꽃

꽃샘추위가 지나가는 이른 봄, 산과 들에는 여러 풀꽃들이 앞다퉈 피어난다. 그중 한 무리가 바람꽃들이다. 우리나라에 바람꽃은 10여 종이 분포하는데, 대부분이 북방계 식물이다. 그래서 추운 날씨에도 부랴부랴 싹을 틔우고 남보다 일찍 꽃을 피울 수 있는 것이다. 변산바람꽃은 2월 중순부터 성급하게 모습을 드러내고, 너도바람꽃은 예로부터 사람들에게 봄이 왔다는 것을 알려 왔다. 한편 대표종인 바람꽃은 여름이 다 되어서야 꽃을 피운다.

남바람꽃은 제주도에 자생하는 멸종 위기종이다. 본래 처음 발견된 곳은 전라남도 구례로, 1942년 식물학자 박만규 박사에 의해서였다. 그 후 박사가 광복 후에 펴낸 『우리나라 식물명고』라는 책에는 **봉성바람꽃**으로, 그리고 1974년 발간된 『한국쌍자엽식물지』에는 **남방바람꽃**으로 기록하고 있다. 또 2006년에 한라산 550m 고지에서 발견된 후 제주일보에서 미기록종으로 기록하면서 **한라바람꽃**이라는 이름을 붙이기도 했다. 이렇게 여러 가지 이름이 있지만 맨 처음 불린 남바람꽃으로 표기하는 것이 가장 적합할 것이다.

키는 20cm 정도이며, 잎은 전체적으로 둥근 심장 모양이고 세 갈래로 깊게 갈라진다. 뿌리에서 올라온 잎은 잎자루가 길고, 줄기에서 나온 잎은 잎자루가 없다. 잎 앞면에 희미한 흰 무늬가 보이는 것이 특징이다. 꽃은 4월 초순부터 피어나 5월 초까지 무리 지어 있다가 진다. 꽃잎은 다른 바람꽃과 마찬가지로 퇴화되어 없어지고 꽃받침잎이 그 역할을 대신한다. 꽃받침잎은 뒷면에 붉은빛이 도는데, 그래서 들꽃 애호가들로부터 뒤태가 아름답다는

학명 | *Anemone flaccida* F. Schmit

찬사를 듣고 있다. 또 '천진난만한 여인'이라는 꽃말도 생겼다. 아마도 곤충들을 유인하기 위한 변신술이 아닐까 한다.

    미나리아재비과의 여러해살이풀로, 우리나라와 일본, 중국, 러시아 등에 분포한다. 우리나라에서는 제주도와 전라남도, 경상남도 등 남부 지방에서 자란다.

남바람꽃(함안 반구정)

남바람꽃
(함안 반구정)

애기똥풀(함안 반구정)

벋음씀바귀(이기대)

염주괴불주머니(함안 반구정)

갯냉이(이기대)

지안재 S라인 궤적(함양)

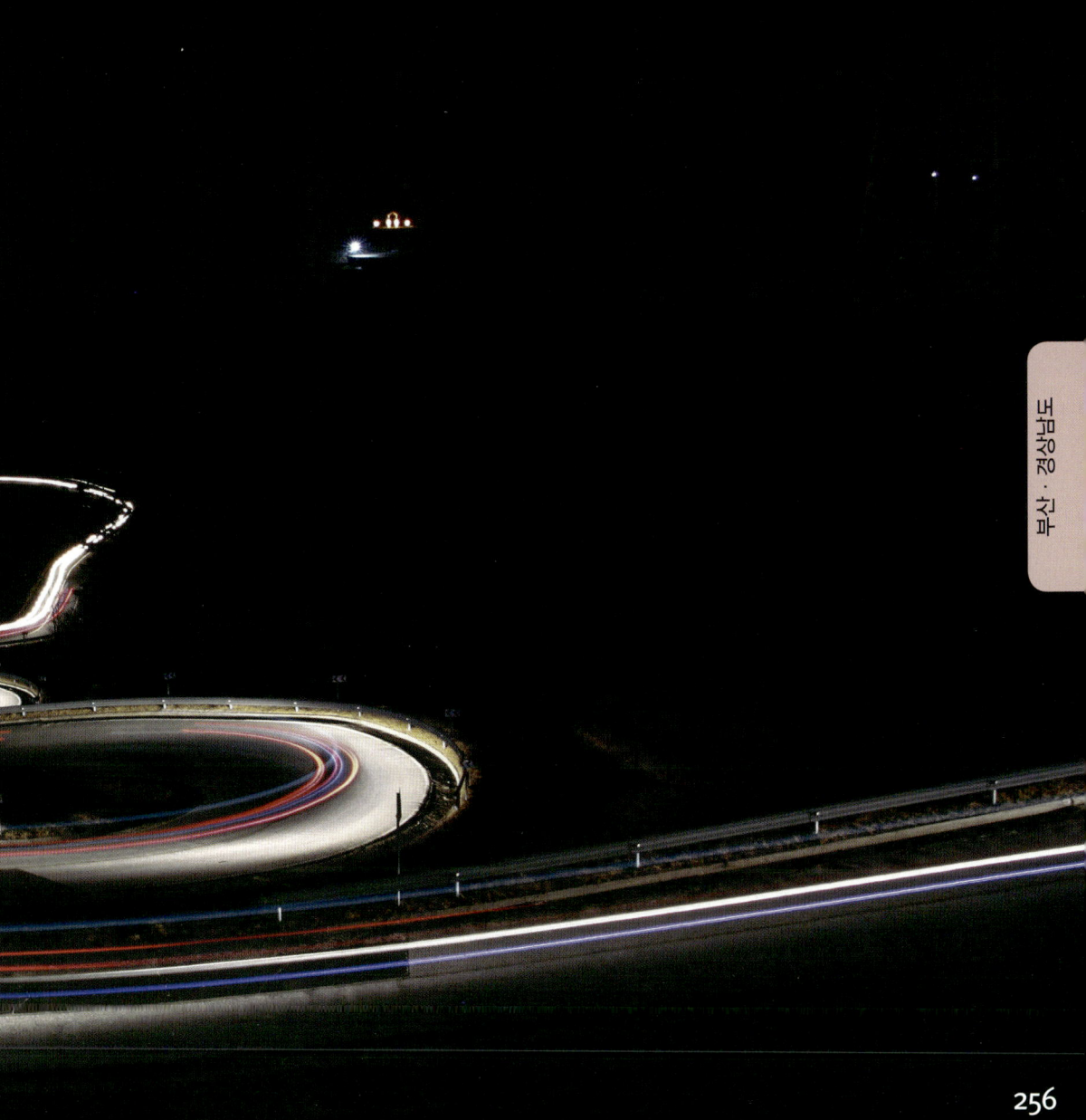

부산·경상남도

5월

출사시기 및 장소

5월 초

자운영	• 경상남도 창녕군 유어면 세진리 1026-1 우포늪
후박나무	• 소매물도 • 경상남도 통영시 산양읍 추도리 508일대 추도 미조마을 바닷가 언덕
선제비꽃	• 경상남도 양산시 원동면 용당리 산22-3
오도산 운해(풍경)	• 경상남도 합천군 묘산면 반포리 산92
합천 보조댐 물안개(풍경)	• 경상남도 합천군 용주면 가호리 418
이팝나무 반영(풍경)	• 경상남도 밀양시 부북면 위양리 296 밀양 위양지
철쭉	• 경상남도 합천군 가회면 둔내리 산219-11 황매산 오토캠핑장
주걱댕강나무	• 경상남도 양산시 하북면 용연리 산63-19 노전암 중간 지점
새우난초, 금난초, 꼬마은난초	• 경남 거제시 남부면 다포리 135-2 다포교회 옆길 (좁은 마을길을 따라 산자락까지 올라감)

5월 중

설앵초, 설앵초(흰색), 흰좀설앵초	• 경남 산청군 시천면 중산리 619-12 지리산 천왕봉골 (중산리 → 칼바위 → 법천폭포 → 유암폭포 → 천왕봉골)
설앵초	• 경상남도 합천군 가야면 치인리 산12-2 가야산 중봉 (해인사)
은방울꽃(분홍색)	• 경상남도 밀양시 산내면 가인리 2246 봉의저수지 제방 피혁 인도 진입 후 이기시이꽃 심기리에서 좌측으로 진입 → 능선으로 올라가면 '봉의저수지 1.7km / 구만산 1.9km / 구만리 2.9km'라는 이정표 → 구만산 정상 방향으로 직진하면서 등산로 주변에 은방울꽃(분홍색)이 있다. '구만산 0.3km'라는 이정표가 나오면 다시 하산 방향으로 내려가면서 찾아야 한다.

	복주머니란	• 경상남도 함양군 마천면 삼정리 953 지리산 영원사 • 경상남도 거창군 고제면 봉계리 912-6 대덕산
	등포풀, 애기봄맞이, 흰갈퀴, 반지연, 대구돌나물, 물별이끼	• 경상남도 양산시 원동면 용당리 산22-3
	등포풀, 대구돌나물, 물별이끼, 큰고추풀, 물여뀌	• 부산광역시 금정구 선동 75-5
	큰고추풀, 등포풀, 대구돌나물	• 부산광역시 금정구 선동 813-17 → 800-1 유수지 내
5월 말	복주머니란	• 경상남도 거창군 고제면 봉계리 912-6 대덕산 ↔ 초점산
	초종용	• 부산광역시 해운대구 중동 591-18 청사포 해변가 • 부산광역시 남구 용호동 1 이기대 해변가
	생달나무	• 경상남도 통영시 욕지면 연화리 203 일대 (천연기념물 제344호)

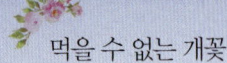

먹을 수 없는 개꽃
철쭉

철쭉과 진달래는 매우 비슷하게 생겼지만 진달래는 잎보다 꽃이 먼저 피고, 철쭉은 잎과 꽃이 동시에 피는 점이 다르다. 또 철쭉은 꽃잎 안쪽에 적자색의 반점이 있고, 꽃 자체에 점액질이 있다. 진달래꽃은 먹을 수 있어서 참꽃이라고 하는 반면, 철쭉꽃은 먹지 못하므로 개꽃이라고도 한다. 철쭉은 **함박꽃**, **척촉**, **철죽** 등으로도 불리는데, 척촉(躑躅)에서 철쭉으로 바뀐 것으로 보인다. 척(躑) 자는 머뭇거린다는 뜻인데, 꽃에 독이 있어서 양이 가까이 가지 못하고 머뭇거린다는 뜻이다.

키가 2~5m이고, 줄기는 곧게 자라 굵은 가지를 많이 내며, 나무껍질은 회갈색인데 오래되면 갈라진다. 잎은 어긋나고 가지 끝에 5개씩 모여 달리며 거꾸로 세운 달걀 모양이다. 꽃은 암수한꽃으로 3~7개씩 가지 끝에 모여 산형꽃차례를 이룬다. 연한 홍색의 꽃잎 안쪽에 적자색 반점이 있고 잎과 함께 5월에 핀다. 열매는 튀는열매로 긴 타원상의 거꾸로

철쭉(황매산)

학명 | *Rhododendron schlippenbachii* Maxim.

세운 달걀 모양이며 10월에 익는다.

우리나라와 중국, 일본 등지에 분포하며, 우리나라 전국의 해발 100~2,000m 사이의 산야에 자생한다. 우리나라에는 철쭉이 유명한 곳이 많은데, 설악산과 소백산, 황매산 등지가 대표적이다. 이들 산에서는 매년 철쭉제를 벌이며 산신령에게 제사를 지내기도 한다. 음지와 한지를 가리지 않는데, 특히 나무숲이나 그늘진 곳에서 잘 자란다. 추위에는 강하지만 침수에는 약하다.

꽃이 아름다워 관상수, 정원수로 심으며, 목재는 조각재로 사용된다. 꽃은 약용으로 쓰는데 강장, 이뇨, 위장병 등에 효능이 있다. 진달래와는 달리 꽃에 점액질이 있어 먹지는 못한다. 꽃에 독성이 있으나 별로 독하지 않아서 벌들이 잠시 기절했다가 곧 깨어날 정도라고 한다.

함께 볼 수 있어요!

큰물칭개나물(낙동강)

주걱댕강나무(천성산)

벼룩이자리(위양지)

자운영(황매산)

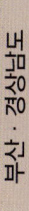

선제비꽃

밀양 위양지

출사시기 및 장소

6월 초

| 대구돌나물 | • 경상남도 창녕군 유어면 가항리 494 |
| 검나무싸리 | • 경상남도 양산시 하북면 용연리 278-1 천성산 |

6월 중

노랑어리연꽃	• 경상남도 양산시 원동면 원리 877-4 원동역에서 삼량진 쪽으로 약 200m 정도 이동해서 주차 → 낙동강 자전거길 따라 터널을 지나면 터널이 끝나는 지점에서 작은 길을 따라 100m
흰참꽃나무	• 경상남도 함양군 서상면 상남리 산9-35 남덕유산
기린초, 털중나리	• 경상남도 김해시 장유면 대청리 산94-21 불모산 정상
기린초, 일출(풍경)	• 경상남도 거창군 가조면 도리 산61-2 오도산전망대
땅채송화	• 부산광역시 남구 용호동 산203-1

6월 말

칠보치마	• 경상남도 남해군 삼동면 봉화리 2154-2 편백자연휴양림
모래그림(풍경)	• 경상남도 남해군 남면 당항리 48 멜로디펜션 앞 바닷가
복사나무	• 경상남도 남해군 이동면 초음리 1605-1 남해 다초지 (3/30~4/3일 적기)
각종 야생화	• 경상남도 의령군 대의면 신전리 산1-4 한우산
왜박주가리	• 경삼남도 의령군 가례면 갑을리 666-2
누른하늘말나리	• 경상남도 창원시 의창구 용동 15 창원 용추계곡

구재봉 활공장 일몰(풍경)	• 경상남도 하동군 악양면 축지리 산71 / 미점리 763 / 산76-8
칠보치마	• 부산광역시 영도구 동삼동 639-1 / 640-4 바닷가 끝자락에서 산으로 올라가는 등산로로 진입
낚시돌풀, 갯패랭이꽃	• 부산광역시 기장군 기장읍 시랑리 416-3 해동용궁사 • 부산광역시 기장군 기장읍 대변리 1-1 • 부산광역시 기장군 기장읍 죽성리 336-1
땅채송화	• 부산광역시 기장군 기장읍 죽성리 148 죽성드림성당
좀끈끈이주걱	• 부산광역시 금정구 선동 일원

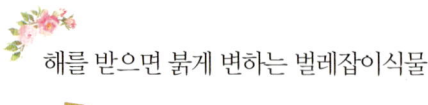

해를 받으면 붉게 변하는 벌레잡이식물
좀끈끈이주걱

　벌레잡이식물로 유명한 끈끈이주걱 종류의 하나인데 크기가 조금 작아서 이름에 '좀'자가 붙었다. 키는 10~60cm이다. 햇빛을 충분히 받으면 식물체가 분홍색을 띠지만 그렇지 않으면 녹색을 띤다. 꽃은 7월경에 꽃대 위에 달리는데, 오전에 피었다가 오후에는 꽃잎을 닫는다. 남부 지방 일부 지역에서 발견되는 여러해살이풀로, 양지바르면서 주변 습도가 높은 곳 또는 습지에서 자란다.

　끈끈이주걱 종류의 식물들은 뿌리에서 나온 여러 개의 잎들이 땅 위에서 사방으로 퍼지면서 무더기로 하나의 식물체를 이루는 것이 특징이다. 이러한 형태를 로제트 모양이라고 부른다. 이 종류의 식물은 매우 많지만, 일반적으로 잎은 길이 0.5cm, 너비 0.4cm 정도이고 식물의 지름은 4cm 정도이다. 초여름이면 약 8cm 높이로 곧추서며 약 6개의 흰색 또는 분홍색의 작은 꽃들이 어긋나게 붙으면서 밑에서부터 피기 시작하여 끝까지 피는 꽃차례를 이룬다.

학명 | *Drosera spatulata* Labill.

좀끈끈이주걱(부산 선동)

함께 볼 수 있어요!

끈끈이주걱(편백자연휴양림)

선주름잎(분홍색, 부산)

등포풀(부산)

물벼룩이자리(부산)

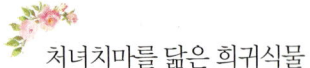
처녀치마를 닮은 희귀식물
칠보치마

이름만 들어서는 각종 보석들이 치렁치렁 매달린 화려한 치마가 떠오른다. 그러나 실제 이 꽃을 보면 화려함보다는 고상함이 흐른다. 칠보치마라는 이름은 잎이 처녀치마를 닮았고, 처음 발견된 곳이 칠보산이기 때문에 얻게 되었다.

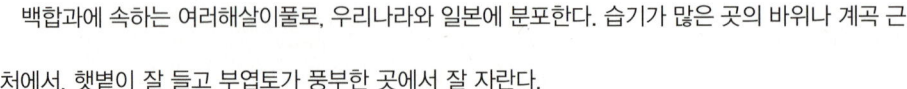

키는 20~40cm이다. 잎이 치마처럼 밑동을 덮고 있고, 그 중간에서 긴 꽃대가 쭉 올라와 꽃을 피운다. 잎은 길이 8~20cm, 너비 1~4cm로 황록색이며 뿌리에서 10장 정도가 나와 사방으로 퍼진다. 꽃은 5~7월에 황백색으로 피는데, 꽃줄기를 중심으로 여러 개의 꽃이 아래에서 위로 올라가며 달린다. 열매는 8~9월경에 달걀 모양으로 달리고 씨앗의 길이는 약 0.1cm로 아주 작은 편이다.

백합과에 속하는 여러해살이풀로, 우리나라와 일본에 분포한다. 습기가 많은 곳의 바위나 계곡 근처에서, 햇볕이 잘 들고 부엽토가 풍부한 곳에서 잘 자란다.

칠보산은 국내에 여러 곳이 있는데, 이 식물이 발견된 칠보산은 경기도 수원시와 화성시 매송면의 경계에 있는 해발 238.8m의 야트막한 산이다. 이외에도 경상남도 일원의 산지, 지리산 남부에서도 발견되었다. 특히 2007년에는 경상남도 남해의 금산에서 자생지가 발견되었으며, 경상북도의 높은 산에서도 서식이 확인되고 있어 이 품종의 생태에 대하여 더 연구되어야 할 것으로 보인다. 멸종위기 야생식물 2급으로 지정되어 있으며 드물지만 관상용으로 쓰인다.

학명 | *Metanarthecium luteoviride* Maxim.

칠보치마(편백자연휴양림)

칠보치마
(편백자연휴양림)

함께 볼 수 있어요!

자주꿩의다리(한우산)

털중나리(한우산)

산해박(한우산)

7~8월

> 출사시기 및 장소

7월 초

병아리난초, 가지더부살이	• 경상남도 김해시 대청동 산103-4 불모산
개개비	• 경상남도 창원시 의창구 동읍 월잠리 309-17 주남저수지 연꽃 단지 내
망태말뚝버섯	• 경상남도 김해시 진례면 산본리 978-89 죽순농원 대나무 숲 • 경상남도 진주시 가좌동 1397-25 연암공과대학 진입로 주차 → 도심속의 테마 숲 길의 데크로드를 따라 진입하면 대나무 숲
털향유	• 경상남도 합천군 가회면 둔내리 산219-24 황매산 오토캠핑장

7월 중

참나리	• 해금강, 바람의언덕 주변, 소병대도 등 거제도 일원
땅나리	• 경상남도 창녕군 이방면 안리 91 좌측 묘지
가는동자꽃, 큰하늘나리, 구름제비란, 씨눈난초	• 부산광역시 금정구 금성동 20 부산광역시 학생교육원 북문 습지
자주땅귀개	• 부산광역시 기장군 일광면 삼성리 648-1 백두사
수궁초	• 부산광역시 해운대구 재송동 772-7 → 재송동 706-8
구와꼬리풀	• 부산광역시 사상구 엄궁동 25-113 학진초등학교 뒤 등산로 승학산 중턱

7월 말

구름병아리난초, 솔나리, 구름체꽃	• 경상남도 함양군 서상면 상남리 104 남덕유~서봉
백운산원추리	• 경상남도 김해시 대청동 726-6 불모산

	칡(흰색)	• 경상남도 창녕군 이방면 안리 산120-1 우포늪 (주소지에서 약 150m 직진)
	물여뀌	• 경상남도 창녕군 영산면 교리 336 / 356 구계저수지
	순채	• 경상남도 합천군 율곡면 내천리 산28-43 지산공원 내 내천못재
8월 초		
	민잠자리난초	• 부산광역시 기장군 일광면 삼성리 648-1 백두사
	갯패랭이꽃	• 부산광역시 기장군 기장읍 연화리 산65-1 오랑대
	운해와 일출(풍경)	• 부산광역시 서구 서대신동3가 산32-10 구덕산 기상관측소
8월 말		
	가시연꽃, 아마존빅토리아수련	• 경상남도 함양군 함양읍 교산리 1047 함양 상림공원
	산오이풀, 네귀쓴풀, 산구절초	• 경상남도 산청군 시천면 중산리 619-12 지리산 천왕봉 / 중산리 주차장 / 장터목 대피소
	서울개발나물, 긴두잎갈퀴, 큰석류풀	• 경상남도 양산시 원동면 용당리 산22-3
	부산꼬리풀, 병풀, 거문도닥나무	• 부산광역시 기장군 기장읍 대변리 1-1
	자주땅귀개(흰색)	• 부산광역시 기장군 일광면 삼성리 648-1 백두사

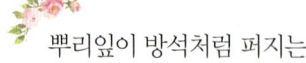 뿌리잎이 방석처럼 퍼지는
갯패랭이꽃

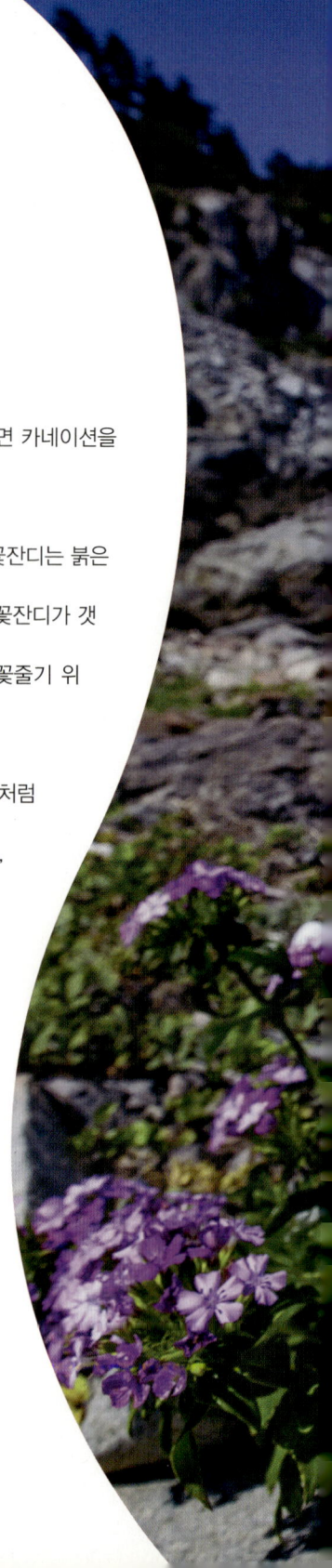

패랭이꽃은 옛날 서민들이 쓰던 갓인 패랭이를 닮은 꽃이다. 활짝 핀 모습은 언뜻 보면 카네이션을 닮아서 **한국 카네이션**이라는 별칭도 있다.

갯패랭이꽃은 패랭이꽃이라기보다는 오히려 요즘 흔하게 심는 꽃잔디와 흡사하다. 꽃잔디는 붉은색, 자홍색, 분홍색, 연한 분홍색, 흰색 등 다양한 색상의 꽃을 피우는데 이 중 자홍색 꽃잔디가 갯패랭이꽃을 꼭 닮았다. 다만 꽃잔디는 잔디처럼 바닥에 기듯이 피지만 갯패랭이꽃은 꽃줄기 위에 뭉쳐서 핀다.

키는 20~50cm이고 줄기는 원주형이다. 뿌리에서 나온 잎은 길이 5~9cm로 방석처럼 퍼지고 가장자리에는 털 같은 돌기가 있다. 이에 비해 줄기에서 나온 잎은 길이 5~9cm, 너비 1~2.5cm로 긴 타원상 피침형이고 가장자리에 털이 있다. 꽃은 7~8월에 줄기 끝이나 잎자루에서 나온 가지 끝에 홍자색으로 모여 달린다. 꽃받침은 길이가 1.9~2.1cm이고 5갈래의 통 모양이다. 꽃잎은 길이가 약 0.6cm이며 5장으로 갈라지고 끝에 이빨 모양의 톱니가 있다. 열매는 9~10월경에 맺는데, 길이 2cm 정도의 검은 씨앗이 원통형 열매 안에 많이 들어 있다.

석죽과에 속하는 여러해살이풀인데, 석죽과라는 명칭은 돌 틈에서도 싹을 틔운다는 뜻에서 붙여진 것이다. 바닷가 모래땅이나 해안과 인접한 마른 땅과 바위틈에서 자라며 햇볕이 잘 드는 곳을 좋아한다. 경상남도와 제주도의 해안 지역에 많이 분포한다.

학명 | *Dianthus japonicus* Thunb.

갯패랭이꽃(해동용궁사)

갯패랭이꽃(부산 기장)

함께 볼 수 있어요!

계요등(오랑대)

돌부추(해동용궁사)

가시 모양 센털이 빼곡하게 자라는
털향유

향유라는 이름을 포함하고는 있지만 향유속이 아닌 털향유속으로 따로 분류된다. 가시에 가까운 뻣뻣한 털이 식물 전체에 빽빽이 나고 꽃이 듬성듬성 달리는 점이 특징이다. 또 향유속 식물들은 대체로 가을에 꽃을 피우지만 털향유는 여름에 꽃을 피운다. **털광대수염**, **큰광대수염**이라고도 불린다.

키는 20~50cm이고, 줄기는 곧게 선다. 잎은 마주나고 잎자루는 길이 1~2cm이며 털이 있다. 잎은 전체적으로 달걀 모양에 끝이 꼬리처럼 뾰족해진다. 표면에 센털이 있고 뒷면에는 부드러운 털과 막대 모양의 털이 드물게 있으며 가장자리에 둔한 톱니가 있다. 꽃은 연한 자주색이고 길이 1.4cm 정도로 줄기 윗부분의 잎겨드랑이에 층층으로 달려 고리 모양의 꽃차례를 이룬다. 꽃자루가 거의 없고, 작은 포엽은 부채꼴이며 끝이 바늘같이 뾰족하다. 꽃받침은 길이 약 0.8cm로 종 모양이며 겉에 센털이 있고 안쪽에 굽은 털이 있으며 5개의 끝이 뾰족한 긴 삼각형 조각으로 갈라진다. 꽃부리는 길이 약 1.5cm의 깔때기 모양이고 아래쪽의 내부가 비어 있다. 윗입술은 달걀 모양이고 곧게 서며 센털이 있다. 아랫입술은 3개로 갈라져 앞으로 나오고 가운데 조각에 자주색 무늬가 있다. 열매는 9월에 익는데, 길이 약 0.3cm로 밋밋하고 달걀을 거꾸로 세운 모양의 원형이며 갈색이다. 여러 개의 씨방으로 이루어졌으며, 익으면 벌어진다.

금강산 이북에 분포하며 숲 변두리나 밭머리 등 습기가 많은 풀밭에서 주로 지란다.

학명 | *Galeopsis bifida* Boenn.

털향유(황매산)

털향유(황매산)

함께 볼 수 있어요!

참나리(해동용궁사)

땅채송화(해동용궁사)

부산에서만 자라는 아름다운 꼬리풀
부산꼬리풀

꼬리풀은 꽃차례가 꼭 꼬리처럼 생겨서 붙은 이름이다. 부산꼬리풀은 꼬리풀의 한 종류로 부산에서만 자라는 한국 특산종이다. 2004년 부산 기장읍 대변항의 해안가에서 처음 발견되었으며, 개체수가 많지 않아 희귀종으로 보호되고 있다. 2013년 5월에는 국립수목원과 부산시 기장군, 화명수목원이 힘을 모아 자생지에 울타리를 설치하고 외부에도 이식 작업을 하는 등 복원을 위한 노력을 기울인 결과, 울타리 안쪽은 물론이고 바깥쪽에도 많은 개체가 증식되고 있다. 또한 주변에 함께 자생하는 품종들이 많이 늘어나고 있어서 이에 대한 정보도 공유하여 자생지 환경을 정확히 파악해야 한다.

키는 15~20cm로 꼬리풀보다 작으며 비스듬하게 누워 자란다. 잎은 마주나며 둥근 달걀 모양으로 두껍다. 잎의 가장자리가 깊이 패어 들어가고 가장자리에는 둔한 톱니가 있다. 줄기와 잎에 흰색의 잔털이 많이 난다. 꽃은 7~8월에 푸른빛으로 피며, 꽃대가 길게 자라고 꽃자루도 발달하나 가지가 갈라지지 않고 줄기 끝의 꽃차례에 다닥다닥 붙는다. 꽃부리는 4갈래로 갈라지며 갈래 조각은 삼각형이다. 암술은 1개, 수술은 2개이다.

현삼과의 여러해살이풀로 꼬리풀 종류 중에서 꽃이 가장 풍성하면서도 부드러워 관상 가치가 매우 높다. 어린순은 식용한다.

부산꼬리풀(대변항)

함께 볼 수 있어요!

노루오줌(정병산 용추계곡)

큰하늘나리(부산 금성산성)

가는동자꽃(부산 금성산성)

참싸리(부산 금성산성)

갯기름나물(대변항)

무릇(대변항)

개쑥부쟁이(지리산 천왕봉)

죽성성당(부산 기장)

홍룡사(양산)

출사시기 및 장소

9월 초

애기분홍낮달맞이꽃	• 부산광역시 금정구 금사동 수영천

9월 중

처진물봉선	• 경상남도 의령군 궁류면 벽계리 552 한우산 • 경상남도 창원시 의창구 용동 15 창원 용추계곡
수정난풀	• 경상남도 양산시 상북면 대석리 산142-1 홍룡사
석산	• 경상남도 함양군 함양읍 운림리 349-1 함양 상림공원
나도송이풀(흰색)	• 경상남도 양산시 하북면 지산리 252 통도사
층꽃나무	• 경상남도 창원시 성산구 천선동 산52-10 안민고개 주차장 → 웅산 능선
누린내풀(흰색)	• 경상남도 창원시 마산합포구 예곡동 산95-4
처진물봉선	• 경상남도 거제시 일운면 와현리 146 공곶이 바닷가 돌담
처진물봉선, 애기등	• 경상남도 거제시 일운면 와현리 산46-14 서이말등대
애기등	• 경상남도 거제시 동부면 학동리 662-2
진흙풀, 민구와말, 좀어리연꽃	• 부산 강서구 봉림동 763-79 / 봉림동 763-1573

9월 말

부추, 닭의장풀, 층꽃나무	• 경상남도 통영시 사량도 사량면 금평리 지리산 → 불모산 → 옥녀봉
큰해오라비난초	• 경상남도 합천군 가회면 장대리
층꽃나무, 참으아리	• 매물도 (매물도하우스 뒤편 등산로 이용)
층꽃나무	• 소매물도
쓴풀, 정영엉겅퀴, 앉은좁쌀풀, 전호, 자주꿩의다리	• 경상남도 밀양시 산내면 삼양리 산24-1 영남알프스 얼음골

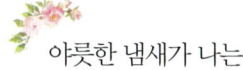
야릇한 냄새가 나는

누린내풀

식물 중에는 좋지 않은 냄새를 풍기는 것들도 꽤 있다. 이 풀이 바로 그런 종류로, 특히 꽃이 필 때 고약한 냄새가 난다. 그러나 아이러니하게도 꽃은 아주 예쁘다. 꽃이 피기 전 꽃봉오리가 맺힌 모습은 여러 가지 크기의 푸른 구슬을 매달고 있는 듯 무척 귀엽다. **노린재풀**, **구렁내풀**이라고도 불린다.

키는 1m 정도이며 줄기는 사각형으로 전체에 짧은 털이 나 있다. 잎은 마주나고 길이 8~13cm, 너비 4~8cm의 넓은 달걀 모양이다. 잎 끝이 뾰족하고 가장자리에는 톱니 모양이 나 있다. 꽃은 7~9월에 줄기에서 드문드문 피는데 보통 벽자색이 많으며 꽃 하단부에 반점이 있다. 수술과 암술이 길게 화살 모양으로 나와 있다. 열매는 9~10월경에 맺으며 4개로 갈라진다. 열매 속의 씨앗은 약 0.4cm 길이로 표면에 그물눈 무늬와 점이 있다.

마편초과에 속하는 여러해살이풀로 우리나라와 일본, 중국에 분포한다. 우리나라에서는 중부 이남에서 많으며 비옥한 토지의 양지에서 자란다. 전초를 약재로 사용하는데 약재로 사용할 때에는 화골단(化骨丹)이라고 부른다.

그 밖에 냄새를 풍기는 식물로는 누리장나무도 있는데 누린내풀과 같은 마편초과에 속하지만 풀이 아니라 나무인 것이 다르다. 역시 냄새는 많이 나지만 꽃이 아름다워 관상용으로 많이 심는다.

학명 | *Caryopteris divaricata* (Siebold & Zucc.) Maxim.

누린내풀(흰색)

함께 볼 수 있어요!

섬쑥부쟁이(간절곶)

섬쥐깨풀(간절곶)

큰해오라비난초(합천)

강양항 일몰(울산)

줄기와 꽃이 자주색으로 피는
자주쓴풀

줄기를 자르면 흰색 유액이 나오는데 그 맛이 매우 써서 쓴풀이라고 불리는 식물이 있다. 쓰기로 이름난 용담보다도 쓴맛이 10배나 강한 것으로 알려져 있다. 자주쓴풀은 쓴풀과 비슷하게 생겼지만 줄기가 검은빛을 띤 자주색이 돌고 꽃이 자주색이어서 자주라는 이름이 붙었다. 이에 비해 쓴풀은 흰색 꽃이 핀다. **털쓴풀, 자지쓴풀, 쓴풀, 어담초, 장아채, 수황연**이라고도 불린다.

키도 자주쓴풀이 15~30cm로 쓴풀의 키 5~20cm보다 약간 더 크다. 뿌리는 노란색이며 이 또한 매우 쓰다. 잎은 길이가 2~4cm, 너비 0.3~0.8cm로 마주나며 피침형으로 양 끝이 좁아져서 뾰족하다. 꽃은 9~10월에 자주색으로 피며, 꽃잎 길이가 1~1.5cm로 짙은 색의 잎맥이 있고 밑부분에는 가는 털들이 많이 나 있다. 꽃차례의 모양이 원추형인데 원줄기 윗부분에서 달리고 위에서부터 핀다. 열매는 11월경에 맺는데 뾰족하며 씨앗은 둥글다.

용담과에 속하는 두해살이풀로 우리나라와 일본, 중국, 헤이룽강 등지에 분포한다. 우리나라 각처의 산과 들에서 만날 수 있으며 양지 혹은 반그늘의 풀숲에서 자란다. 가을에 채취하여 말린 잎과 줄기를 당약(當藥)이라고 하며 건위제와 지사제 등 약재로 사용한다.

쓴풀속에 속하는 식물은 세계적으로 80여 종이 분포하는 것으로 보고되고 있다. 우리나라에는 개쓴풀, 쓴풀, 자주쓴풀, 흰자주쓴풀, 네귀쓴풀, 대성쓴풀, 큰잎쓴풀 등이 자생한다.

10월 말	세뿔투구꽃, 물매화	• 경상남도 창원시 마산회원구 내서읍 삼계리 955-3 / 산214-2 소노골황토마루
	물안개(풍경)	• 경상남도 창녕군 이방면 옥천리 548-2 우포늪
		• 경상남도 창녕군 이방면 안리 1502
	억새	• 경상남도 합천군 가회면 둔내리 산219-24 황매산
	남구절초	• 경상남도 통영시 욕지면 동항리 욕지도 대기봉 주변
	해국	• 경상남도 거제시 장목면 유호리 산85-2 거가대교 바로 밑 해변 좌측 바위
	부산멀티불꽃쇼(풍경)	• 부산광역시 해운대구 재송동 1187 세명그린타워아파트

출사시기 및 장소

10월 초

일출과 운해(풍경), 자주쓴풀, 쓴풀	• 경상남도 합천군 가회면 둔내리 산219-24 황매산
바위솔	• 경상남도 진주시 본성동 500-8 진주성 내 촉석루
꽃향유, 꽃향유(흰색)	• 경상남도 김해시 대청동 726-6 불모산 올라가는 중간 지점
남구절초, 긴꽃며느리밥풀, 금떡쑥, 갯고들빼기	• 소매물도
층꽃나무, 남구절초, 갯고들빼기	• 경상남도 거제시 남부면 다포리 산38-145 바람의언덕 / 소병대도
저구항(풍경)	• 경상남도 거제시 남부면 저구리 217-19 소매물도 여객터미널
긴꽃며느리밥풀	• 경상남도 통영시 한산면 매죽리 산63-1 소매물도
남구절초	• 경상남도 거제시 남부면 갈곶리 370 함목몽돌해변 좌측 절벽
야고, 일출(풍경)	• 경상남도 거제시 남부면 갈곶리 72-3 해금강
민구와말, 좀어리연꽃, 물고사리, 소엽풀	• 부산광역시 강서구 봉림동 763-79 / 763-1573 / 763-1579 둔치도
섬갯쑥부쟁이	• 부산광역시 기장군 기장읍 대변리 1-1

10월 중

당잔대, 물매화, 산부추, 쑥부쟁이, 꽃향유, 타래난초, 오이풀, 께묵, 가는오이풀, 쓴풀, 용담, 이삭귀개, 버들잎엉겅퀴(흰색), 미역취	• 부산광역시 장산 습지

부산·경상남도

학명 | *Swertia pseudochinensis* H. Hara

자주쓴풀(황매산)

함께 볼 수 있어요!

쓴풀(황매산)

산부추(황매산)

민구와말(둔치도)

소엽풀(둔치도)

남구절초(소매물도)

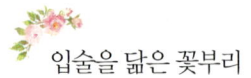
입술을 닮은 꽃부리
긴꽃며느리밥풀

긴꽃며느리밥풀은 화관이 유난히 길쭉한 것이 특징이다. 2012년에 처음 보고되었으며 세계적으로 우리나라에서만 자라는 한국 특산식물이다. 광합성을 하지만 다른 생물에게서 양분을 얻기도 하는 반기생 생활을 한다.

잎은 마주나고 털이 없으며 가장자리는 톱니가 없이 매끈하다. 측면 잎맥은 불투명하다. 아래쪽 잎은 뾰족하며 밑부분은 1.0~1.5cm, 길이는 4.0~5.5cm, 잎자루는 0.4~0.9cm이다. 위쪽의 잎도 뾰족하고 길이 2.0~3.0 cm, 너비 0.5~1.0 cm이다. 꽃은 붉은색으로 달리고, 꽃받침은 길이 0.1~0.2cm이다. 꽃받침통은 지름 0.2~0.3cm, 길이 0.3~0.5cm이며 윗부분에는 가시가 많은 털이 있다. 밑에 있는 잎보다 약간 큰 잎이 위에 2개 있는데 털이 없거나 솜털로 덮여 있다. 꽃부리는 지름 약 0.2cm, 길이 2.5~3cm로 날씬하다. 윗입술은 투구 모양이고, 아랫입술은 더 날씬하고 길다. 암술은 길이 2.5~3cm이다. 열매는 여러 개의 씨방으로 되어 있고 길이 0.8~1cm, 너비 0.7cm의 타원형이며 끝이 뾰족하다.

소매물도를 비롯한 남해안 섬 지역에서 발견된다. 생육 환경은 황토이며 소나무 숲의 햇볕이 잘 드는 경사면에서 잘 자란다.

학명 | *Melampyrum koreanum* K.-J. Kim & S.-M. Yun

긴꽃며느리밥풀(소매물도)

함께 볼 수 있어요!

야고(해금강)

갯고들빼기(소매물도)

금떡쑥(소매물도)

왕갯쑥부쟁이(소매물도)

광안대교 야경

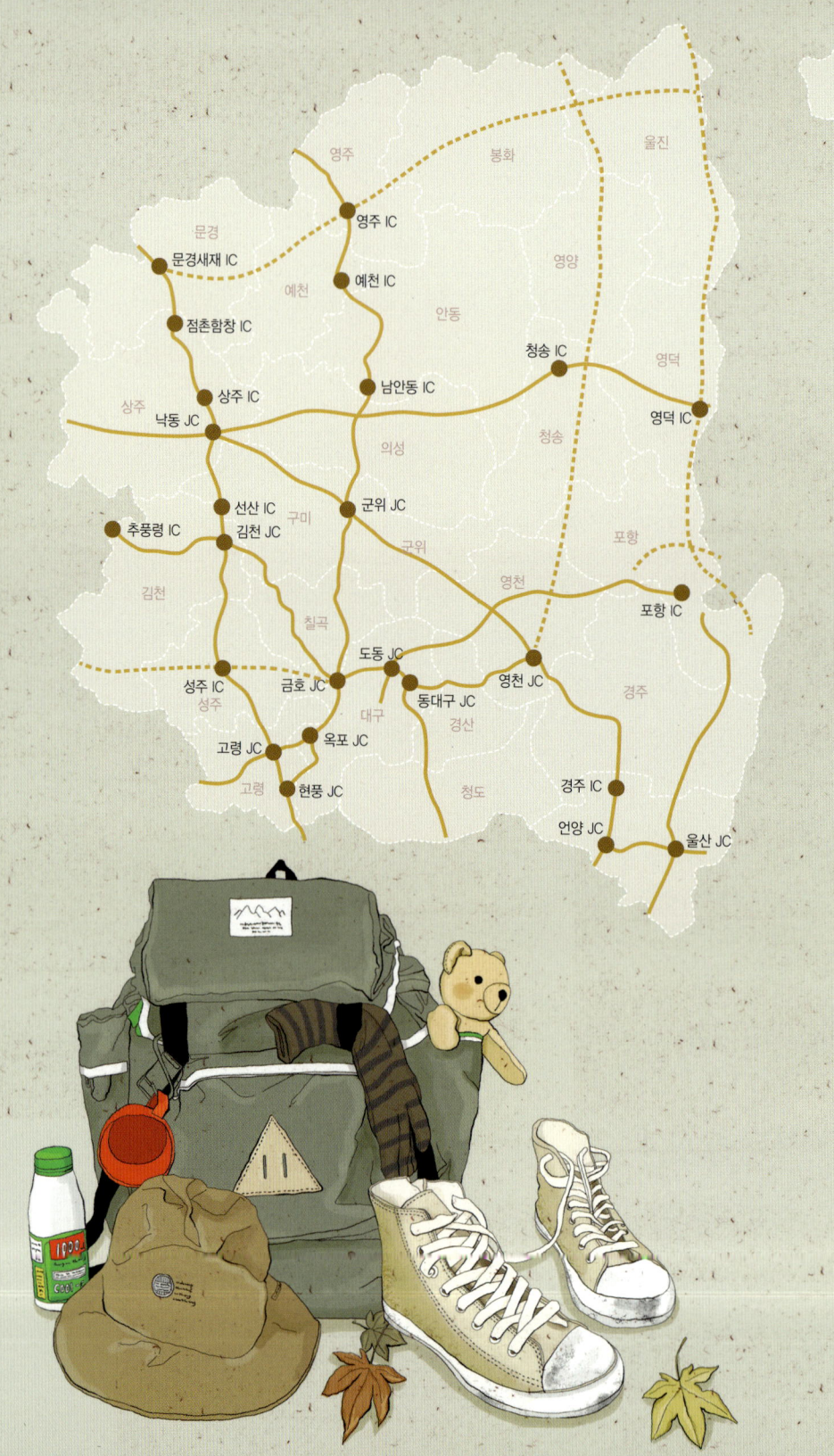

대구·울산·경상북도에서 만난 야생화와 풍경

대구에는 해마다 벚꽃축제로 많은 상춘객들이 몰리는 팔공산이 있다. 남북으로 뻗은 태백산맥이 낙동강과 금호강이 만나는 곳에서 우뚝 솟은 산이다. 이곳에는 특히 양쪽으로 늘어선 벚나무들이 아치 모양의 벚꽃 터널을 이룬 팔공산 순환도로가 있는데, 우리나라의 대표 경관도로로 선정될 만큼 환상적이다. 또 팔공산에는 한 가지 소원은 꼭 들어준다는, 머리에 갓을 쓴 모양의 갓바위 석불로도 유명해 입시철만 되면 북새통을 이룬다.

3~4월

출사시기 및 장소

3월 초
변산바람꽃	• 경상북도 경주시 안강읍 두류리 576-1 화산골 계곡 (금곡사 부근)

3월 중
너도바람꽃, 노루귀, 괭이눈, 꿩의바람꽃	• 경상북도 경주시 건천읍 송선리 1417 경주시 단석산 홈골저수지 / 홈골계곡
날개현호색	• 경상북도 포항시 북구 송라면 중산리 622 보경사 숲속
쇠뿔현호색	• 경상북도 경산시 자인면 서부리 68 경산 자인의 계정숲
남도현호색	• 경상북도 경산시 남산면 상대리 770 상대온천 계곡

3월 말
산수유	• 경상북도 의성군 사곡면 화전리 719-3 사곡마을
목련	• 경상북도 경주시 황남동 14-1 대릉원
깽깽이풀(흰색)	• 경상북도 상주시 화남면 임곡리 7
깽깽이풀	• 경상북도 상주시 화남면 임곡리 4 • 경상북도 의성군 단촌면 구계리 산214 일주문 지나서 우측 솔밭 • 대구광역시 달성군 화원읍 본리리 828
날개현호색	• 경상북도 경주시 황용동 663 시부거리
벚나무	• 경상북도 김천시 교동 820-2 연화지
애기사운(흰색)	• 대구광역시 동구 불로동 338 불로동 고분공원

4월 초

벚나무
- 경상북도 경주시 신평동 150-1 보문정
- 경상북도 김천시 교동 820-1 연화지

애기자운, 뽈냉이, 재쑥
- 대구광역시 동구 불로동 1097-1 불로동 고분공원

광대나물
- 대구광역시 동구 도동 195

4월 중

왕버들, 복사나무 반영(풍경)
- 경상북도 경산시 남산면 반곡리 246 반곡지

영산홍
- 대구광역시 달성군 다사읍 방천리 산4 와룡산 (대구 서구 상리동 59 주차)

복사나무
- 경상북도 경산시 남산면 남곡리 441 호오지 (호명지)

진달래
- 대구광역시 달성군 유가면 용리 15 공영주차장 / 비슬산자연휴양림 (셔틀버스 및 전기차 운행)

쑥부지깽이, 재쑥
- 대구광역시 동구 불로동 489-1 불로동 고분공원

4월 말

벚나무
- 경상북도 청송군 부동면 이전리 87-1 주산지

나도바람꽃
- 경상북도 영천시 화북면 정각리 73-13 보현산천문대 주차장

난장이현호색
- 경상북도 칠곡군 가산면 금화리 436 / 동명면 학명리 산25 가산산성

이른 봄 군락으로 피어 봄을 전해 주는

현호색

현호색(玄胡索). 이름에 한자로 '검을 현' 자가 들어가는 것은 씨앗이 검은색인 데서 유래한 것이다. 또 기름진 땅이나 척박한 땅을 가리지 않고 어디에서나 잘 자란다는 의미도 들어 있으며, 애기현호색이라고도 한다. 하지만 서양 사람들은 이를 달리 본 모양이다. 꽃 모양이 종달새의 머리와 비슷하다 하여 속명이 코리달리스(Corydalis) 즉 그리스어로 종달새라는 뜻이다. 꽃말은 '보물 주머니'이다.

키는 약 20cm 정도로 작은 편이다. 키가 작은 식물은 수난을 자주 당하기 마련이다. 현호색도 이른 봄 등산객의 등산화 밑에서 자주 뭉개지곤 한다. 하지만 대개 군락을 이루며 서식하기 때문에 조금만 주의를 기울이면 충분히 알아챌 수 있다. 잎은 표면이 녹색이고, 뒷면은 회백색이며 어긋난다. 꽃은 4~5월에 연한 홍자색으로 핀다. 5~10개가 원줄기 끝에 뭉쳐서 달리며 길이 2.5cm 정도이다. 열매는 6~7월경에 길이 2cm, 너비 0.3cm 정도로 달린다. 씨앗은 검은색으로 광택이 난다.

현호색과에 속하는 여러해살이풀로, 애기현호색, 댓잎현호색, 가는잎현호색, 빗살현호색, 둥근잎현호색 등 여러 현호색 종류를 대표하는 종이다. 우리나라 산과 들 어디에서나 쉽게 볼 수 있으며 양지 혹은 반그늘의 물 빠짐이 좋고 토양이 비옥한 곳에서 잘 자란다. 우리나라를 비롯하여 중국 동북부, 시베리아에 분포한다.

어린순은 식용하기도 하며 뿌리는 약용으로 쓰인다. 약재로 쓸 때도 현호색이라고 부르는데 이때는 지름 1cm 정도의 덩이줄기를 의미한다.

학명 | *Corydalis remota* Fisch. ex Maxim.

대구 · 울산 · 경상북도

남도현호색(상대온천)

현호색(경주)

함께 볼 수 있어요!

댓잎현호색(경주)

난장이현호색(가산산성)

깽깽이풀(화원유원지)

애기자운(대구 불로동)

흰애기자운(대구 불로동)

알록달록 광대 옷 입은

광대나물

예로부터 우리 조상들은 봄이 다가오면 산과 들에서 나물을 캐다 여러 가지 음식을 만들어 먹었다. 향긋한 봄나물은 이른 봄 잃어버린 입맛을 돌아오게 하는 데 그만이다. 쉽게 떠올릴 수 있는 쑥이나 냉이가 아니더라도, 우리가 잘 모르는 풀들 중에도 먹을 수 있는 종류가 굉장히 많다. 광대나물도 그중 하나이다. 이름이 조금 낯설지만 알고 보면 우리 주위에서 흔하게 볼 수 있는 들꽃이다.

이 꽃은 봄이 오는 길목에서 우리를 환영이라도 하듯 피어난다. 그늘에서는 여전히 찬바람이 불지만, 양지바른 산길이나 길가에 잡초처럼 피어나서 강한 생명력을 보여준다. 꽃을 보면 입술을 꼭 닮아서 마치 '봄이 왔어요!'라고 말해 주는 듯하다.

광대나물이라는 이름이 붙은 것은 식물의 생김새 때문이다. 줄기를 중심으로 둥글게 펼쳐지는 잎과 그 사이사이에서 장난스럽게 올라오는 꽃들이 흡사 광대들이 입는 옷을 떠올리게 한다. 알록달록하고 목에 주름이 많이 잡힌 옷 말이다. **작은잎꽃수염풀**, **긴잎광대수염**, **접골초**, **등롱초**, **진주연**, **연전초**, **보개초**, **코딱지나물** 등 여러 가지 이름으로 불린다.

키는 10~30cm가량이며, 줄기는 네모지고 자줏빛이 난다. 잎은 둥근 모양이고, 지름은 1~2cm이다. 꽃은 홍자색으로 피는데, 잎겨드랑이에 여러 송이가 붙어 돌려난 것처럼 보인다. 꽃의 지름은 0.7~1.2cm, 길이는 2~3cm이다. 열매는 7~8월경에 달걀 모양으로 달린다.

학명 | *Lamium amplexicaule* L.

광대나물(대구)

꿀풀과의 두해살이풀로 우리나라와 중국, 일본, 타이완, 북아메리카 등지에 분포한다. 어린순은 나물로 먹고, 전초는 약재로도 사용된다. 일본에서는 음력 1월 7일에 한해의 건강을 기원하며 죽을 쑤어 먹는 풍습이 있는데, 그 재료가 되는 7가지 나물 중에 광대나물도 포함된다.

광대나물(대구)

함께 볼 수 있어요!

고산구슬붕이(영천 보현산)

노랑무늬붓꽃(영천 보현산)

노랑붓꽃(가산산성)

금붓꽃(가산산성)

애기중의무릇(가산산성)

출사시기 및 장소

5월 초

흰각시붓꽃	• 경상북도 의성군 단촌면 구계리 산214 고운사
흰꽃광대나물	• 경상북도 영천시 화북면 자천리 1452 자천교
나도바람꽃, 보현개별꽃, 흰벌깨덩굴	• 경상북도 영천시 화북면 정각리 73-13 보현산천문대 주차장
세열유럽쥐손이	• 대구광역시 수성구 만촌동 망우공원~고모령비 주변
찔레꽃, 호수(풍경)	• 대구광역시 달성군 화원읍 본리리 404-2 남평문씨 본리 세거지

5월 중

지채, 갯봄맞이	• 경상북도 포항시 남구 호미곶면 강사리 778-9
원지, 백선	• 경상북도 안동시 풍천면 기산리 476-5
백선(흰색)	• 경상북도 안동시 풍천면 광덕리 743
원지	• 경상북도 안동시 풍천면 신성리 산2-2
갯봄맞이	• 울산광역시 북구 당사동 92-2
대구돌나물, 물별이끼, 큰고추풀, 물여뀌	• 대구광역시 달성군 화원읍 본리리 354-4 화원 고택 앞
등포풀, 대구돌나물, 물별이끼, 큰고추풀, 물여뀌	• 대구광역시 동구 도동 734-2 삼지골식당

노랑개아마, 땅나리	• 대구광역시 동구 도동 735-1 뒷편 묘지 (삼지골식당 건너편)
노랑개아마, 연리초	• 대구광역시 동구 불로동 338 불로동 고분공원
작약	• 경상북도 의성군 금성면 대리리 377-2 의성조문국 사적지
산괴불주머니	• 경상북도 영주시 풍기읍 수철리 313-3 희방사 / 희방폭포

5월 말

모감주나무, 병아리꽃나무	• 경상북도 포항시 동해면 발산리 산13
광릉골무꽃(분홍색)	• 경상북도 김천시 대항면 운수리 193 직지사 (은선암 방면 올라가다 좌측 진행)
복주머니란, 감자난초, 은방울꽃, 구슬붕이, 은대난초	• 경상북도 김천시 부항면 어전리 산118-15 삼도봉터널 지나자마자 좌측으로 부항령 가는 길
초종용, 망적천문동	• 경상북도 포항시 북구 여남동 260-10
기린초	• 경상북도 포항시 남구 장기면 신창리 140-2 바닷가 바위 위
나도수정초	• 경상북도 문경시 동로면 명전리 산29-92 황장산 벌재 (미끄럼주의 노란 팻말)
큰방울새란(흰색)	• 경상북도 상주시 중동면 회상리 산76-2 황금산

봄 바닷가를 거닐다 우연히 만나는 친구
갯봄맞이

친구도 우연히 만나면 더욱 기쁘듯 꽃도 우연히 만나면 더욱 반가울 것이다. 아직은 을씨년스러운 들녘, 한결 따스해진 봄바람에 살랑거리는 흰색 꽃무리로 그런 반가움을 주는 꽃이 갯봄맞이다. 개나리나 진달래처럼 빛깔을 자랑하지도 않고, 일부러 찾아다니며 보는 야생화들과는 달리 그저 텅 빈 들녘에서 봄을 노래하고 있을 뿐이다. 봄맞이가 들에서 만나는 친구라면 갯봄맞이는 봄날 바닷가를 거닐다 우연히 만날 수 있는 친구이다. **갯봄마지, 갯봄맞이꽃, 바다솔잎**이라고도 한다. 키는 5~20cm이고, 줄기는 분백색이 도는 녹색으로 광채가 있으며 털은 없다. 뿌리는 옆으로 자란다. 잎은 양 끝이 둔하고 길이 0.6~1.5cm, 너비 0.3~0.6cm이다. 잎의 모양은 긴 타원형이며 줄기를 따라 빽빽이 나 있다. 꽃은 꽃자루가 거의 없는 연한 홍색으로 지름은 약 0.7cm이다. 잎겨드랑이 사이에서 나와 하늘을 쳐다보며 종처럼 핀다. 열매는 6~7월경에 둥글게 달리고 지름은 약 0.4cm이다. 안의 씨앗은 갈색이다.

앵초과의 여러해살이풀로, 강원도 동해안 지역에 모래가 있는 곳이나 바위틈에서 만날 수 있다. 강원도 해안가 이외 다른 곳에서는 보기 어려우므로 해안가에 위치한 교육 기관이나 수목원 등에서 여러 종류를 심어 놓고 관찰하며 비교할 수 있도록 한다면 어린이들의 자연 학습에도 좋을 것이다.

학명 | *Glaux maritima* var. *obtusifolia* Fernald

갯봄맞이(포항 남구)

갯봄맞이(포항 남구)

백선(흰색)

기린초(천생산)

숲개별꽃

솜방망이

털갈매나무(수꽃)

6월

출사시기 및 장소

6월 초

꼬리말발도리, 국화방망이	• 경상북도 군위군 부계면 동산리 산73-4 팔공산하늘정원
등포풀	• 대구광역시 동구 도동 734-2 삼지골식당
옥잠난초	• 경상북도 상주시 화북면 입석리 842-12 석문사 주변

6월 중

끈적쥐꼬리풀, 선백미꽃, 흰참꽃나무	• 경상북도 성주군 수륜면 백운리 1805 가야산
긴포꽃질경이	• 경상북도 경주시 강동면 단구리 97 대명공원묘원 송전탑 밑부분
찰피나무	• 경상북도 경주시 양북면 호암리 428-2 기림사 약사전 앞
남가새	• 경상북도 포항시 북구 여남동 260-10 • 경상북도 포항시 북구 청하면 용두리 104-2 월포해수욕장 용두마을회관
갯당근	• 경상북도 영덕군 강구면 강구리 208 솔잎바다펜션
노랑어리연꽃	• 경상북도 영천시 대창면 조곡리 484-2번지에 주차 후 대창천 물막이 있는 곳
노박덩굴	• 경상북도 구미시 남통동 24-12 금오산 약사암 주변

6월 말

으름난초	• 경상북도 김천시 대항면 운수리 216-3 직지사
노랑어리연꽃	• 경상북도 구미시 고아읍 문성리 640 / 641 문성지 • 대구광역시 달성군 화원읍 천내리 350-2
병아리난초(흰색)	• 경상북도 김천시 부항면 희곡리 163-1 구룡사

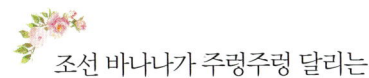

조선 바나나가 주렁주렁 달리는
으름난초

으름난초는 여러해살이식물이다. 그럼에도 매년 모습을 드러내지는 않는다. 한번 꽃을 피우고 나면 수년이 지난 후 다시 그 자리에서 올라오곤 한다. 그 이유는 정확히 밝혀지지는 않았지만 아마도 꽃송이가 많이 달리는 특성 때문이 아닌가 한다. 뭉쳐서 피는 곳에서는 많게는 20~30개체가 한꺼번에 꽃대를 올려 한 줄기에서 수백 송이의 꽃을 피우고 열매를 맺는다. 이를 위해서는 굉장히 많은 에너지가 필요할 것이다. 그런데 으름난초는 부생식물, 즉 생물의 사체나 배설물, 분해물 따위에 기생하여 양분을 얻어 사는 식물이다. 제한된 양분으로 살아가야 하기 때문에 몇 년에 한 번씩만 모습을 드러낸다는 가설이 나오는 것이다. **개천마**라고도 부른다.

키는 50~100cm이고, 줄기 윗부분에서 가지가 갈라지며 곧게 선다. 줄기에는 엽록소가 없으며 갈색의 짧은 털이 매우 빽빽하다. 뿌리는 옆으로 길게 뻗으며 뿌리 속에는 아밀라리아(armillaria)라는 버섯 균사가 들어 있다. 잎은 뒷면이 부풀고 마르면 가죽같이 되며 삼각형이다. 꽃은 황갈색이고 꽃잎은 다소 짧다. 꽃받침조각은 긴 타원형으로 길이가 1.5~2cm이고 뒷면에 갈색 털이 있다. 입술모양꽃부리는 넓은 달걀 모양으로 황색이고 안쪽에는 돌기가 있는 줄이 있다. 열매는 육질이며 7~8월경에 길이 약 0.7cm의 긴 타원형으로 붉게 달리고, 씨앗에는 날개가 있다.

수림이 우거진 숲 속의 반그늘 혹은 햇살이 오후에 많이 들어오지 않는 곳에서 자란다. 부엽토가 풍부하고 부엽 아래에는 썩은 낙엽수목이 있으며, 낙엽수나 조릿대 무리 속의 습도가 풍부한 곳을 좋아한다. 우리나라에서는 멸종위기 야생식물 2급으로 지정하여 보호하고 있다.

으름난초(직지사)

학명 | *Galeola septentrionalis* Rchb. f.

대구 · 울산 · 경상북도

함께 볼 수 있어요!

바위채송화(천생산)

자란초(흰색, 영천 보현사)

능소화(대구)

팔공산

출사시기 및 장소

7월 초

바위채송화
- 경상북도 구미시 장천면 신장리 산42-4 쌍용사 → 천생산
- 경상북도 구미시 구평동 산91-23 천룡사 → 천생산

순채, 물부추, 가시연꽃, 꽃창포, 창포, 통발, 남개연, 각시수련
- 울산광역시 울주군 웅촌면 통천리 841-2 못산소류지

솔나리
- 경상북도 봉화군 석포면 석포리 산1-208 석개재

7월 중

노랑어리연꽃
- 경상북도 울진군 금강송면 하원리 118-1 불영사 연못

남가새
- 경상북도 포항시 북구 청하면 용두리 104-22 월포해수욕장 용두마을회관

갯당근
- 경상북도 영덕군 강구면 강구리 208 솔잎바다펜션

참나리, 일출(풍경)
- 울산광역시 동구 일산동 903-5 대왕암공원

7월 말

솔나리
- 경상북도 성주군 수륜면 백운리 1805 가야산

대흥란
- 경상북도 문경시 가은읍 성저리 730

세포큰조롱
- 경상북도 군위군 부계면 남산리 산111-2

왕과
- 경상북도 군위군 부계면 대율리 824
- 경상북도 군위군 부계면 대율리 858 군위 한밤마을 돌담길 / 폐가

쥐방울덩굴	• 경상북도 군위군 부계면 대율리 780-92 대율교회
군위 삼존석굴(풍경)	• 경상북도 군위군 부계면 남산리 산16
물여뀌, 창질경이	• 대구광역시 동구 둔산동 490-4 대구 해안초등학교 주변 철로가
세수염마름	• 대구광역시 동구 신용동 46
구와꼬리풀	• 대구광역시 동구 도동 473-1 도동 측백수림
노랑개아마	• 대구광역시 동구 불로동 산 10-2 불로동 고분공원 주차장

이른 봄 군락으로 피어 봄을 전해 주는

남가새

줄기는 밑에서 가지가 많이 갈라지고 원줄기, 잎줄기, 꽃줄기에 꼬부라진 짧은 털과 퍼진 긴 털이 있다. 잎은 마주나기하고 짝수깃꼴겹잎이다. 잎자루 밑에 붙은 한 쌍의 잔잎은 서로 떨어져 있고 뾰족한 모양의 삼각형이며 길이 약 0.3cm이다. 잔잎은 길이 0.8~1.5cm, 너비 0.4cm의 긴 타원형으로 마주나는 잎의 크기가 같지 않다. 끝이 둔하고 가장자리는 밋밋하며 뒷면에 갈라진 털이 있다. 꽃은 7월에 황색으로 잎겨드랑이에서 1송이씩 핀다. 꽃자루는 길이 1~2cm이고, 꽃받침조각은 5개로 달걀 모양 긴 타원형이다. 꽃잎은 꽃받침보다 약간 길며 5개이고 수술은 10개, 씨방은 1개이고 털이 많다. 여러 개의 씨방으로 된 열매의 껍질은 딱딱하며 5개로 갈라지고 각 조각에 2개의 뾰족한 돌기가 있다.

전 세계 열대 및 온대 지역에 널리 분포하며 우리나라에서는 남부 지방 해안가에서 자란다. 바닷물이 들어와 잠기지 않는 해변의 모래땅에 난다. 열매는 사포닌 성분이 있어서 여러 나라에서 민간요법에 이용되어 왔다. 열매는 백질려, 질려자로 불리며 한약재로도 사용된다.

학명 | *Tribulus terrestris* L.

남가새(포항)

남가새(포항)

좀목형(영천 보현산)    키다리난초(영천 보현산)

왕과

세수염마름(대구 도동)

출사시기 및 장소

8월 초

대흥란(흰색)	• 경상북도 문경시 가은읍 성저리 730
왕과	• 경상북도 문경시 산북면 대하리 460
홍도까치수염, 개잠자리난초, 이삭귀개(자주색)	• 경상북도 상주시 중동면 회상리 산76-2 황금산 / 상주활공장랜드
점박이구름병아리난초	• 경상북도 성주군 수륜면 백운리 1282-11 가야산
네귀쓴풀, 앉은좁쌀풀	• 경상북도 김천시 대항면 주례리 산1 바람재목장
배롱나무	• 경상북도 경주시 손곡동 376 종오정일원

8월 중

맥문동	• 경상북도 상주시 화북면 상오리 산68 상주 학생야영장
장각폭포(풍경)	• 경상북도 상주시 화북면 상오리 656-2
경천섬 야경(풍경)	• 경상북도 상주시 중동면 회상리 산200 청룡사

8월 말

다북개미자리	• 경상북도 경주시 양남면 읍천리 405-7 읍천 주상절리 공터
푸른산들깨, 큰산좁쌀풀, 털둥근이질풀, 구슬오이풀, 가야물봉선	• 대구광역시 달성군 가창면 주리 산96-5 최정산

9월 초

가시연꽃 — 경상북도 구미시 해평면 금호리 357-3 금호연지

9월 중

진땅고추풀, 깨묵, 앉은좁쌀풀, 가야물봉선 — 경상북도 경주시 산내면 내일리 164-2 OK목장

비지리 다랑논 운해(풍경) — 경상북도 경주시 내남면 비지리 1310

수련, 자라풀, 올방개, 송이고랭이, 뚜껑덩굴, 올챙이솔, 물질경이, 통발 — 경상북도 상주시 공검면 양정리 199-7 상주 공검지

울진 은어다리 일출(풍경) — 경상북도 울진군 근남면 수산리 153-1 남대천

애기앉은부채 — 울산광역시 울주군 삼동면 조일리 1531 울산하늘공원

백운풀, 쥐깨풀(흰색) — 울산광역시 울주군 청량면 문죽리 1075 / 1074-1

섬갯쑥부쟁이, 섬쥐깨풀, 미역취, 큰닭의장풀 — 울산광역시 울주군 서생면 대송리 27-1

9월 말

참줄바꽃 — 대구광역시 달성군 가창면 주리 산95-3 최정산

둥근잎꿩의비름 — 경상북도 청송군 부동면 이전리 산77-3 주왕산 절골탐방지원센터

경상북도 영덕군 달산면 옥산리 513 옥계계곡 / 유성모텔

남가새, 난쟁이아욱 — 경상북도 포항시 북구 여남동 260-10 죽천교

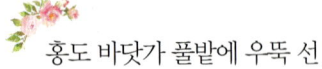

홍도 바닷가 풀밭에 우뚝 선

홍도까치수염

홍도는 전라남도 서남쪽 해안에서 멀리 떨어진 섬으로 여러 종의 희귀식물과 특산종이 자라는 곳이다. 나도풍란, 석곡, 새우난초, 홍도원추리, 흰동백 등등 육지에서는 보기 어려운 품종이 상당히 많다. 홍도까치수염도 그중 하나이며 **쇠까치수염**이라고도 한다.

까치수염과 비교하면 잎이 더 가늘고 꽃차례의 모양도 달라서 다른 종처럼 보이기도 한다. 홍도까치수염의 꽃차례는 위로 뭉툭하게 서 있지만, 까치수염의 꽃차례는 끝이 약간 말리며 올라가 꼬리처럼 보인다. 까치수염을 개꼬리풀이라고 하는 것도 그 때문이다. 또 까치수염은 수영과 비슷하게 생겨서 까치수영이라고도 하는데, 이에 따라 까치수염의 가족들도 수염과 수영을 혼용하여 쓰기도 한다.

키가 30~80cm이며 긴 가지가 갈라져서 사방으로 퍼진다. 잎은 어긋나고 길이 2.5~7cm의 피침 또는 가는 선 모양이다. 가장자리가 밋밋하며 밑부분이 좁아져 잎자루처럼 된다. 잎에 검은 점이 있으며 줄기와 더불어 회백색이 돈다. 꽃은 8월에 피는데, 가지 끝에 흰색 꽃대가 길게 자라고 꽃자루도 발달하나 가지가 갈라지지는 않는다. 작은꽃줄기는 길이 1.1cm 정도이다. 꽃받침조각과 꽃잎은 5개씩이고 꽃잎은 수평으로 퍼진다. 열매는 여러 개의 씨방으로 구성되어 있으며 꽃받침으로 싸여 있다. 씨앗에는 3개의 날개가 있다.

앵초과의 여러해살이풀로 우리나라와 중국, 만주 등지에 분포한다. 우리나라에서는 전라남도 홍도의 바닷가 풀밭에 주로 자라며, 북부 지방에도 서식한다. 관상용으로 쓰인다.

학명 | *Lysimachia pentapetala* Bunge

홍도까치수염(황금산)

홍도까치수염(황금산)

함께 볼 수 있어요!

큰산좁쌀풀(최정산)

네귀쓴풀(가야산)  넓은잎꼬리풀(흰색, 가야산)

점박이구름병아리난초(가야산)  　　　　　　　　　　대흥란(문경)

주왕산에서 자라는 우리나라 특산종

둥근잎꿩의비름

꿩의비름과 모양이 비슷하나 잎이 둥글어서 둥근잎꿩의비름이라고 한다. **둥근꿩비름**, **둥근잎꿩비름**이라고도 불린다.

키는 15~25cm으로 기본종인 꿩의비름보다 훨씬 작다. 잎은 마주나고 다육질이며 달걀 모양의 원형으로 끝은 뾰족하거나 둔하다. 잎의 한쪽에는 2~3개의 톱니 모양이 나 있고 길이는 4~7cm, 너비는 3~6cm이다. 꽃은 7~8월에 짙은 자주색으로 피는데, 원줄기에서 둥글게 뭉쳐나며 지름은 3~5cm이다. 열매는 9~10월경에 맺는데 작은 꽃들이 핀 곳에 씨방이 만들어지고 흡사 먼지처럼 보이는 많은 씨앗이 들어 있다.

돌나물과에 속하는 여러해살이풀로 우리나라 중북부 이북, 경상북도의 주왕산에서 자라는 우리나라 특산종이다. 재배가 쉬워서 앞으로 자원 식물로 각광받을 수 있는 품종이다. 꽃이 워낙 예쁜 데다 독특한 잎을 가지고 있어서 관상용으로 쓰인다. 어린순은 식용하며 약재로도 많이 사용되기 때문에 자생지가 훼손되기도 한다. 게다가 2014년까지는 자생지가 너무도 일정한 지역에 한정되어 있어서 멸종위기식물로 분류되었으나 그 뒤로 해마다 여러 곳에서 새로운 자생지가 발견되고 개체수 또한 많이 늘어났다.

학명 | *Hylotelephium ussuriense* (Kom.) H. Ohba

둥근잎꿩의비름(옥계계곡)

둥근잎꿩의비름(옥계계곡)

함께 볼 수 있어요!

이삭귀개(황금산)

닭의장풀(흰색, 간절곶)

가야물봉선(흰색, 최정산)

투구꽃(흑자색, 최정산)

세잎돌쩌귀(옥계계곡)

가야산

대구·울산·경상북도

월

출사시기 및 장소

10월 초

가는잎향유	• 경상북도 문경시 문경읍 상초리 288-1 문경새재 왕건촬영장
세뿔투구꽃(흰색)	• 경상북도 봉화군 명호면 북곡리 94-2 청량사 등산로
털머위, 일출(풍경)	• 울산광역시 동구 일산동 903-7 대왕암공원

10월 중

흰감국	• 경상북도 봉화군 석포면 석포리 산1-208 석개재
민구와말	• 경상북도 김천시 어모면 다남리 361-1
해국	• 경상북도 포항시 남구 호미곶면 강사리 5-7
겨우살이, 단풍(풍경)	• 경상북도 김천시 증산면 수도리 496
해국	• 울산광역시 동구 일산동 905-5 대왕암공원 • 울산광역시 동구 방어동 2-3 슬도
연화바위솔	• 경상북도 봉화군 명호면 북곡리 95 청량사 입석 • 경상북도 봉화군 명호면 북곡리 101 청량산휴게소

10월 말

감은사지 삼층석탑 별 궤적(풍경)	• 경상북도 경주시 양북면 용당리 55-3
경주 문무대왕릉 일출(풍경)	• 경상북도 경주시 양북면 봉길리 26-5 경주 문무대왕릉
단풍(풍경)	• 경상북도 안동시 도산면 가송리 437-3 고산정
단풍과 운해(풍경)	• 경상북도 봉화군 명호면 북곡리 48 청량산휴게소 • 경상북도 봉화군 명호면 도천리 산343-3
둥근바위솔	• 경상북도 포항시 남구 호미곶면 강사리 756-1

연꽃을 닮은 어린잎이 바위틈에서 피어나는

연화바위솔

어린잎의 모양이 연꽃을 닮아서 연화바위솔이라고 한다. 바위솔 종류들은 보통 잎이 가늘고 끝이 뾰족한 형태를 갖는 것에 비하면 다소 이색적이다. **바위연꽃**이라고도 부른다.

잎은 육질이며 뿌리에서 모여나고 줄기잎은 어긋난다. 백록색에 편평하고 긴 타원상 주걱 모양으로 끝이 뭉뚝하거나 둥글며 길이 3~7cm, 너비 0.7~2.8cm이다. 뿌리는 굵고 두툼하다.

꽃은 꽃대에서 발생하여 곧게 서며 밑부분에 잎이 많다. 한 개의 긴 꽃대 둘레에 여러 개의 꽃이 이삭 모양으로 피는데 매우 많은 꽃이 달린다. 꽃대축의 길이는 5~20cm이다. 꽃은 흰색이고 꽃자루는 짧다. 꽃 밑에 2개의 작은 포엽이 달리는데, 달걀 모양이고 끝이 뾰족하다. 꽃잎은

연화바위솔(봉화 청량사)

길이 5~7cm로 꽃받침 길이의 약 2배이고 끝이 뾰족하다. 꽃받침은 녹색이고 5조각으로 뾰족하게 갈라진다. 꽃밥은 담황색이고 암술대는 짧으며 수술은 10개, 씨방은 5개이다. 열매는 주머니 모양이며 익으면 여러 갈래로 갈라지고 긴 타원형에 양쪽이 뾰족하다.

남부 지역 해안가에서 나는 여러해살이풀이다. 해안 절벽 암석 위에 흙이 조금 있는 곳이거나 돌 틈새와 같은 척박한 곳에서 자란다. 근래에는 화분에 심어 키우는 식물로도 인기를 모으고 있다. 청량사의 연화바위솔에 대해서는 정선바위솔이라는 주장도 있다.

연화바위솔(봉화 청량사)

학명 | *Orostachys iwarenge* (Makino) Hara

대구·울산·경상북도

함께 볼 수 있어요!

배풍등(열매, 봉화 청량사)

세잎돌쩌귀(흰색, 봉화 청량사)

물개발나물

가새쑥부쟁이

고산정(안동)

부용대에서 바라본 안동 하회마을

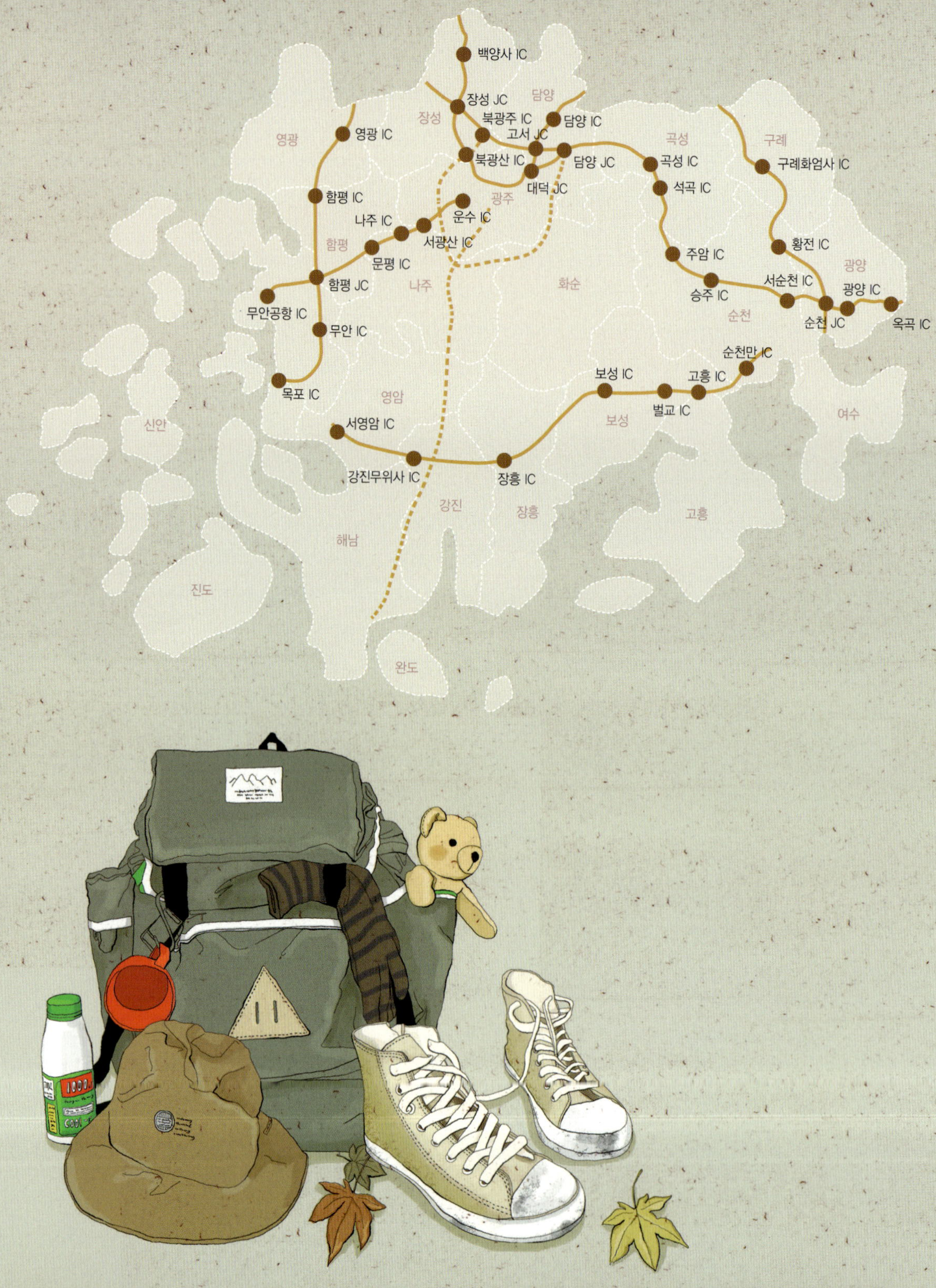
백양사 IC
장성 JC
담양
장성
북광주 IC
담양 IC
영광
영광 IC
고서 JC
곡성
구례
북광산 IC
담양 JC
곡성 IC
구례화엄사 IC
대덕 JC
함평 IC
석곡 IC
광주
운수 IC
나주 IC
서광산 IC
함평
황전 IC
문평 IC
주암 IC
광양
화순
서순천 IC
함평 JC
나주
승주 IC
광양 IC
무안공항 IC
순천
순천 JC
옥곡 IC
무안 IC
순천만 IC
보성 IC
고흥 IC
목포 IC
영암
벌교 IC
여수
신안
서영암 IC
보성
강진무위사 IC
장흥 IC
강진
장흥
고흥
해남
진도
완도

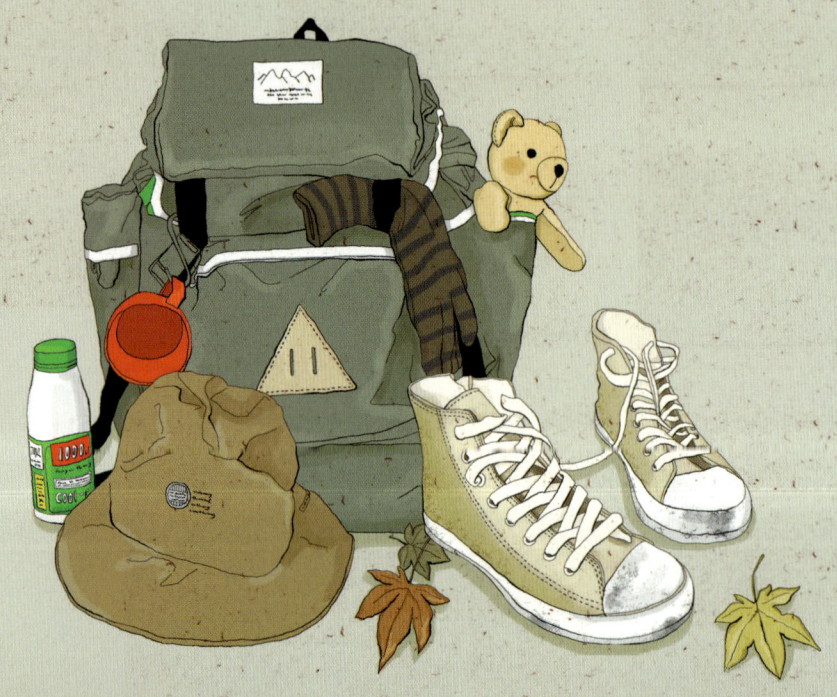

광주·전라남도에서 만난 야생화와 풍경

전라남도 영광 불갑산 중턱에 자리 잡은 불갑사는 백제 때 창건된 것으로 알려져 있는 유서 깊은 사찰이다. 불갑사에서는 해마다 9월이면 석산(꽃무릇) 축제가 열린다. 꽃무릇으로도 많이 알려져 있는 석산은 피처럼 붉은 빛깔의 꽃과 달걀 모양 비늘줄기의 독성 탓에 '죽음의 꽃'으로 여겨지기도 한다. 하지만 정작 석산은 사찰에서 많이 심는데, 그 이유는 뿌리에서 추출한 녹말로 불경을 본하고 탱화를 만들 때에도 사용하며, 고승들의 진영을 붙일 때도 썼기 때문이다. 언뜻 보면 상사화와 비슷해 혼동하는 경우가 많지만 석산은 붉은색으로 가을에 피고, 연보랏빛을 띠는 상사화는 여름에 핀다.

1~3월

출사시기 및 장소

1월

섬진강 상고대(풍경)	• 전라남도 곡성군 입면 제월리 30
삼한지(풍경)	• 전라남도 나주시 공산면 신곡리 375 집 옆 농로 → 능선으로 올라감
나주 동강 느러지 물돌이(풍경)	• 전라남도 나주시 동강면 옥정리 498 전망대
녹차밭 운해 및 일출(풍경)	• 전라남도 보성군 보성읍 봉산리 1287 보성녹차밭
소등섬 일출(풍경)	• 전라남도 장흥군 용산면 상발리 128 (3월 중순까지)
만연사 설경(풍경)	• 전라남도 화순군 화순읍 동구리 210
세량제 설경(풍경)	• 전라남도 화순군 화순읍 세량리 97
무등산 설경(풍경)	• 광주광역시 북구 금곡동 809-6
녹차밭 설경(풍경)	• 전라남도 보성군 보성읍 봉산리 1287 보성녹차밭 2주차장

2월

변산바람꽃(분홍색)	• 전라남도 장성군 북하면 약수리 26 백양사 • 광주광역시 동구 용산동 568 기독정신병원 앞 화산마을
산쪽풀, 박달목서, 섬딸기, 거문딸기	• 전라남도 여수시 교동 682-1 여수연안여객선터미널 → 거문도 등대 주변
노루귀, 복수초, 변산바람꽃	• 전라남도 화순군 이양면 묵곡리 두봉산 계곡
너도바람꽃	• 전라남도 순천시 황전면 죽청리 596
변산바람꽃, 노루귀, 꿩의바람꽃	• 전라남도 영광군 불갑면 모악리 384-2 불갑사

3월

산수유	• 전라남도 구례군 산동면 대평리 542-1
	• 전라남도 구례군 산동면 대평리 411
	• 전라남도 구례군 산동면 위안리 290
	(상위마을회관, 하천, 돌담, 팔각정, 무덤)
	• 전라남도 구례군 산동면 계천리 696 구례 현천마을
사성암(풍경)	• 전라남도 구례군 문척면 죽마리 산7-1
매실나무	• 전라남도 광양시 다압면 도사리 매화마을
	• 전라남도 구례군 마산면 황전리 12-1 화엄사
산자고	• 전라남도 영광군 법성면 대덕리 산117-9
목련	• 전라남도 보성군 보성읍 봉산리 1294-1 보성녹차밭

광주·전라남도

잎보다 꽃이 먼저 피는

산수유

　이른 봄 잎이 나기도 전에 노란 꽃을 먼저 피워 산천에 봄을 알리는 봄의 전령수(傳令樹)이다. 개나리, 생강나무처럼 잎보다 꽃을 먼저 피우는 나무들이 종종 있는데, 대개 이런 경우는 무엇보다도 열매를 먼저 맺겠다는 의지가 드러나는 것이라고 볼 수 있다. 식물들이 꽃을 피워 씨앗을 맺는 일은 대단히 많은 에너지와 영양분을 투자하는 작업이다. 모든 영양분이 꽃을 만드는 데 소모되기 때문에 꽃이 피는 시기에는 가지나 잎은 생장하지 못한다. 그래서 보통 열매를 맺는 나무들은 해거리를 한다. 열매를 많이 맺는 해와 적게 맺는 해가 번갈아 나타나는 것이다.

　산시유나무, **석조**, **욱조**, **양주**, **계족**, **초산조** 등 다른 이름도 많다. 한자명으로는 **실조아수**(實棗兒樹), **홍조피**(紅棗皮) 등으로도 불린다.

학명 | *Cornus officinalis* Siebold & Zucc.

키는 약 7m에 지름 40cm이며 가지가 많이 갈라진다. 나무껍질은 연한 갈색인데 오래된 줄기에서는 나무껍질이 벗겨진다. 잎은 마주나며 달걀 모양 피침형 또는 타원형이다. 잎의 표면에는 털이 약간 있으나 뒷면에는 털이 많고 특히 맥 사이에는 갈색의 빽빽한 털이 있다. 꽃은 3~4월에 노란색으로 피는데 암수한꽃이고 지름 0.4~0.5cm의 작은 꽃이 20~30송이 모여 산형꽃차례를 이룬다. 열매는 9~10월에 붉게 익는데, 길이 1~1.5cm의 긴 타원형이고 씨열매이다.

중국에도 분포하지만 1970년 우리나라의 광릉에서 자생지가 발견되었다. 또 전라남도 구례와 경상북도의 양산에도 분포하는 것으로 알려져 있다. 숲 가장자리나 산비탈에 자생하며 습기가 있고 비옥한 땅을 좋아한다.

재배는 전라남도 구례 산동면, 경기도 이천 백사면, 경상북도 의성 일대를 비롯하여 지리산 자락에서도 많이 이루어진다. 산수유 농사를 잘 지으면 자식들 대학까지 보낼 수 있을 만큼 수입이 좋다 하여 '대학나무'라는 별명도 있다. 나무 한 그루에서 120kg 정도의 열매가 나온다고 하니 고개가 끄덕여지는 이야기이다.

산수유(구례 산동)

산수유(구례 산동)

열매의 씨를 빼고 열매살만 말린 것을 약으로 사용하는데 맛은 시고 약간 달며 약성은 평범하고 독이 없다. 노인들의 허리나 무릎 등에 찬바람이 날 때나 통증이 있을 때 효과가 좋으며 여성의 월경과다, 월경불순, 유정 그리고 젖먹이의 발육부전이나 지능발달에 좋다. 또 술을 담그거나 차, 유정과, 물김치로 만들기도 한다. 술을 담그는 방법은 말린 열매 300g에 소주 한 되, 설탕 300g을 넣어 밀봉하여 3개월 정도 두면 된다. 정력, 강장에 좋다고 알려져 있으며 빈혈, 이명, 야뇨증, 자양강장, 해열, 해수 등에 좋아 만병통치약으로도 불린다. 꽃과 열매가 아름다울 뿐만 아니라 추위에 강하고 이식력도 좋아서 아파트 단지에 관상수나 정원수로도 많이 심는다.

산수유

경기도 광주의 곤지암리 신립 장군 묘역 근처에 있는 산수유는 수령이 약 200년에 달하여 경기도 보호수로 지정되어 있다. 또 구례와 이천에서는 매년 봄 산수유 축제가 열리기도 한다.

산수유(구례 산동)

광주·전라남도

함께 볼 수 있어요!

노루귀(화순)					변산바람꽃(분홍색, 백양사)

산쪽풀(거문도)

왕밀사초(거문도)

무등산 설경

4월

출사시기 및 장소

4월 초

흰얼레지, 깽깽이풀	• 전라남도 순천시 월등면 계월리 산9-2 순천 송치재
목련, 녹차밭과 운해(풍경)	• 전라남도 보성군 보성읍 봉산리 1287 보성녹차밭
벚나무	• 전라남도 화순군 화순읍 세량리 255 세량지 • 전라남도 화순군 능주면 석고리 92 영벽정 • 전라남도 화순군 이서면 창랑리 산373 물염정 (바로 앞 물염적벽)
세량지(풍경)	• 전라남도 화순군 화순읍 세량리
서성제와 환산정(풍경)	• 전라남도 화순군 동면 서성리 147
연둔리 숲정이(풍경)	• 전라남도 화순군 동복면 연둔리 472-1 외
흰꽃광대나물	• 전라남도 화순군 도곡면 천암리 747
털조장나무	• 무등산국립공원
진달래	• 전라남도 해남군 북평면 영전리 산77-6 달마산 도솔암주차장

4월 중

남바람꽃, 긴병꽃풀	• 전라남도 구례군 문척면 금정리 367-6 오봉산가든

4월 말

산철쭉	• 전라남도 담양군 용면 용연리 805 가마골용소 / 가마골생태공원

봄을 수놓는 꽃나무
벚나무

창경궁은 본래 조선 성종 때에 지은 궁궐이었다. 그러나 한동안 동물원과 식물원으로 꾸며져 창경원이라고 불리던 시절도 있었다. 일제강점기 때 일본인들이 조선 왕실의 궁궐을 격하시키기 위해 일반인이 드나드는 시설로 만든 것이다. 그리고 일본 국화인 벚나무를 창경궁 곳곳에 심었다. 이곳은 1970년대까지 서울의 중요 관광지로 손꼽히다가, 1980년대에 동물원이 과천으로 이전하고 나서야 창경궁 본래의 모습을 되찾았다. 그리고 일제가 심었던 벚나무도 모두 베어 버렸다.

이런 역사 때문에 벚나무라 하면 일본의 꽃이라 여겨 모두가 싫어했지만 요즘엔 다르다. 이미 1908년에 한라산 북쪽 숲에서 왕벚나무를 발견함으로써 제주도가 자생지임이 밝혀진 바 있다. 이후 지리산 화엄사 근처에서도 자생지가 발견되었다. 지금은 전국 곳곳에 벚나무가 많이 심어져 해마다 봄이면 벚꽃 축제를 여는 곳이 한두 곳이 아니다. 이에 비해 일본에서는 아직 자생지가 발견되지 않았으니 일본 꽃이라고 하기에는 무리가 있겠다.

벚나무 이름의 유래는 정확하게 알려지지 않았으나 벚나무의 열매인 버찌를 줄여서 부른 데에서 비롯된 것으로 추정된다. **산벚나무**, **참벚나무** 등으로도 불린다. 한자로는 **산앵화(山櫻花)**라고 하며, 버찌는 흑앵(黑櫻)이라 한다. 꽃말은 '결박', '정신의 아름다움'이다.

키는 약 20m이고 나무껍질은 암자색이 매우 반질거리고 껍질눈이 가로로 줄을 그은 듯 죽죽 나 있다. 꽃은 연분홍이나 흰빛으로 2~3개가 산방꽃차례, 산형꽃차례, 총상꽃차례로 달린다. 꽃잎은 거꾸로 된 달걀 모양이며 끝부분이 凹형이다. 4~5월에 피어 있다가 바람이 부는 봄날에 마치 흰 눈이 내리듯 후두두둑 떨어져 내린다. 열매인 버찌는 둥글며 6~7월에 흑자색으로 익는데 생으로 따 먹는다. 열매를 이용하기 위한 원예 품종이 많이 개발되고 있다.

꽃이 아름다워 관상용으로 이용되며 특히 가로수로 많이 심어져 있다. 목재는 가구재를 만드는 데 사용된다. 줄기 속껍질은 앵피(櫻皮)라 하여 진해, 기침, 두드러기 등에 약으로 쓰며, 열매는 약용 또는 식용한다. 차로 만들어 마시기도 하며 양주에 버찌를 곁들여 마시면 풍미가 있어 좋다. 또 버찌소주라 하여 버찌의 즙을 소주에 타서 마시면 소주의 독한 맛을 부드럽게 하며 향도 은은히 난다. 이렇게 하면 버찌에 있는 비타민도 같이 마시게 되어 건강에도 이롭다.

우리나라와 일본, 중국에 분포한다. 우리나라에는 전 지역의 산지에 자라며 주로 전라남도, 경상남도, 함경북도에 많이 분포한다. 양지를 좋아하며 한지에서도 잘 견딘다. 벚나무 중 산벚나무는 공기 정화력은 강하나 공해에 약하며, 왕벚나무와 올벚나무도 공해에 약하다.

학명 | *Prunus serrulata* var. *spontanea* (Maxim.) E. H. Wilson

광주 · 전라남도

벚나무(광주)

벚나무(세량지)

출사시기 및 장소

5월 초

철쭉, 운해(풍경)	• 전라남도 영암군 금정면 연소리 산645-1 영암 풍력발전 (서광목장)
철쭉, 폭포(풍경)	• 전라남도 광양시 진상면 어치리 1216-4 어치계곡 구시폭포
산철쭉	• 전라남도 영암군 영암읍 개신리 484-119 월출산 (천왕탐방센터에서 바람폭포 방향)
금새우난초	• 전라남도 신안군 흑산면 가거도리 가거도 독실산
나도제비란, 복주머니란, 큰앵초, 매미꽃, 동의나물, 윤판나물	• 전남 구례군 산동면 노고단로 1068 노고단 성삼재휴게소

5월 중

한라새둥지란, 나도수정초	• 전라남도 영광군 불갑면 모악리 8 불갑사
자란, 끈끈이귀개, 큰방울새란	• 전라남도 진도군 군내면 녹진리 1-31 • 전라남도 진도군 군내면 둔전리 1-24 / 1-11 / 12-1 • 전라남도 해남군 문내면 학동리 산50 / 산51 / 산53 / 산62
실거리나무	• 전라남도 진도군 진도읍 남동리 산2-5 • 전라남도 진도군 임회면 석교리 236-8 / 366 석교중학교
애기도라지	• 전라남도 진도군 임회면 죽림리 산230-9 여귀산주차장 • 광주광역시 북구 운암동 산164 광주시립미술관 / 광주3·1독립운동기념탑 잔디밭
약난초, 두루미천남성	• 전라남도 장성군 서삼면 추암리 732-1 축령산 편백나무 숲
산철쭉	• 전라남도 담양군 용면 용연리 805 가마골용소 / 가마골생태공원

5월 말

신안새우난초	• 전라남도 신안군 흑산면 예리 흑산도 / 육타리도
다도새우란	• 흑산도 군도
약난초(녹색)	• 전라남도 화순군 이양면 묵곡리 63
등심붓꽃	• 전라남도 화순군 춘양면 대신리 707 화순 고인돌 공원

6월 초

흰나도제비란, 복주머니란	• 전라남도 구례군 산동면 좌사리 산110-1 지리산 노고단 성삼재
노루발풀	• 전라남도 신안군 증도면 대초리 1609-4 (우전해수풀장 제3주차장 → 모실길 3코스 천년의 숲길 진입 → 나무 다리 지나서 → 숲길 삼거리)

6월 말

왜우산풀, 날개하늘나리	• 전라남도 구례군 산동면 좌사리 산110-1 지리산 노고단 성삼재

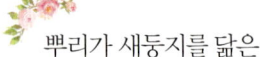

뿌리가 새둥지를 닮은

한라새둥지란

뿌리가 새둥지처럼 생겨서 새둥지란이라고 하며, 처음 발견된 곳이 한라산이어서 한라새둥지란이라고 부른다. 고(故) 이영노 박사가 1999년에 제주도 한라산에서 처음 발견하여 국명을 정하였다.

한라새둥지란은 여러해살이 부생란이다. 부생란이란 자기 힘으로 광합성을 하여 유기물을 생성하지 않고, 다른 생물을 분해하여 얻은 유기물을 양분으로 삼아 생활하는 난을 말한다. 줄기나 꽃의 형태를 보면 확실히 일반 난이나 식물과는 다르게 생겼다. 생육환경에는 특정 식물이 고사하여 죽은 곳이나 혹은 다른 유기질이 많은 곳에만 존재하는 특정 바이러스가 반드시 필요하다. 즉 서식 조건이 매우 까다로운 품종이라 할 수 있다. 부생란의 공통적인 특징은 강한 햇볕에 오랜 시간 노출되면 색이 검게 변하면서 고사한다는 점이며, 또 주변 습도가 매우 높은 곳에서 산다는 것이다. 이는 일반 초본류인 부생식물들이 사는 환경과도 매우 유사하다.

키는 6~9cm이고, 줄기는 투명한 상아색으로 둥글며 표면이 매끄럽고 털이 없다. 강한 햇볕을 보거나 마르면 검은 갈색으로 변한다. 잎은 칼집 모양이고 3~4장이 어긋난다. 뿌리는 뿌리줄기가 짧고 뿌리 끝은 통통하게 위로 향한다. 꽃은 긴 꽃대에 꽃자루가 있는 여러 개의 꽃이 어긋나게 붙어서 밑에서부터 피기 시작하여 끝까지 핀다. 입술꽃잎은 끝이 2갈래로 갈라지며 연한 노란색이다. 얇은 포엽은 삼각형으로 뾰족하고 씨방은 표면이 갈색을 띠며 달걀 모양이다. 7~8월에 꽃송이마다 씨앗이 달리며, 작은 씨가 많이 들어 있다.

학명 | *Neottia hypocastanoptica* Y. N. Lee

광주 · 전라남도

한라새둥지란(불갑사)

주변 습도가 매우 높으면서 부엽토가 풍부하며 돌이 많고 물 빠짐이 좋은 곳이나 경사지에서 자란다. 원래 발견된 곳은 제주도지만 최근에는 전라남도에서도 자생지가 발견되었다. 그런데 이런 소문이 삽시간에 퍼져 해마다 많은 사람들이 모여들어, 지금은 그 개체수가 줄고 있는 실정이다. 또한 사람들이 다니는 길목에 위치하고 있어 더더욱 보호가 요구되는 품종이다.

한라새둥지란(불갑사)

함께 볼 수 있어요!

나도수정초(불갑사)

약난초(화순)

등심붓꽃(화순 고인돌공원)

광주 · 전라남도

끈끈이귀개(진도) 　　　　　　　　큰방울새란(진도)

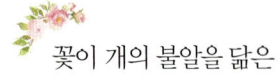
꽃이 개의 불알을 닮은
복주머니란

　속명은 시프리페디움(Cypripedium)인데, 미의 여신 비너스와(Kypris)와 슬리퍼의(Pedium)의 합성어이다. 1753년 스웨덴의 식물학자 린네가 이 식물을 보고 입술꽃잎의 모양이 마치 비너스의 샌들처럼 우아하고 아름답다는 뜻에서 붙인 이름이다. 한편에서는 이 모습이 개의 불알을 닮은 것으로 보아 개불알난이라고 부르기도 한다. 자생지 근처에 가면 소변 냄새와 같은 악취가 진동하기 때문에 까마귀오줌통이라고도 하고, 둥글고 가운데에 구멍이 뚫려 있어 요강꽃이라고도 한다. 이 밖에도 복주머니꽃, 개불알꽃, 작란화, 포대작란화, 복주머니 등 다양한 이름으로 불린다.

　키는 30~50cm이다. 잎은 3~4장이 나며 길이 15~27cm, 너비 11~17cm이다. 꽃은 5~6월에 붉은색으로 피는데, 백두산에 서식하는 것은 흰색 꽃도 피운다. 꽃은 항아리와 같은 모양으로 달리고 위에 1개의 잎이, 옆에는 2개의 잎이 있다. 열매는 7~8월경에 달린다. 복주머니란은 몇 가지 종류가 있는데, 전체적으로 털이 많은 털복주머니란이 대표적이다.

　우리나라와 일본, 중국 헤이룽강, 사할린, 시베리아 등지에 분포한다. 우리나라에서는 백두산을 비롯한 북한의 고산지대에 자라고, 남한에서는 설악산과 태백, 정선 등지에만 분포한다. 개체수도 수십 개에 지나지 않는 희귀종으로 멸종위기 야생식물 2종으로 지정되어 있다. 최근에는 국립수목원과 태백에 있는 절인 정암사가 공동으로 자생지를 보호하는 노력을 기울인 결과 개체수가 늘어나고 있다. 숲속의 반그늘이나 양지쪽의 낙엽수 아래에서 잘 자란다.

　난초과에 속하는 여러해살이풀로 전체를 약재로 이용할 수 있다. 꽃이 예뻐서 관상용으로 적합하지만 그동안 사람들이 마구 캐 가는 바람에 야생에 보기가 힘들어졌다.

학명 | *Cypripedium macranthos* Sw.

복주머니란(지리산 노고단)

복주머니란(지리산 노고단)

도깨비부채(광주)

박쥐나무(광주)

너도밤나무

출사시기 및 장소

7월 초

망태말뚝버섯	• 전라남도 담양군 담양읍 향교리 산37-6 담양 죽녹원 • 전라남도 담양군 봉산면 제월리 402 면앙정
진퍼리까치수염	• 광주광역시 북구 충효동 442-8 광주호수생태원 • 전라남도 나주시 공산면 중포리 736 형제제 무덤가 • 전라남도 장성군 남면 녹진리 430-2
어리연꽃(흰색), 노랑어리연꽃	• 광주광역시 서구 풍암동 491-5 풍암저수지
흑박주가리, 이삭귀개, 마편초, 모세나무, 병아리다리	• 전라남도 신안군 압해읍 송공리 58-21 천사섬분재공원
노랑참나리	• 전라남도 영광군 백수읍 대신리 산 230-3 노을전시관 제4주차장

7월 중

노랑땅나리	• 전라남도 신안군 비금면 고서리 638 고막교
해바라기	• 전라남도 해남군 마산면 노하리 1046
나도승마	• 전라남도 광양시 진상면 어치리 995
잠자리난초	• 전라남도 영광군 불갑면 방마리 산30-10
입술망초	• 광주광역시 동구 운림동 1000 증심사
지네발란	• 전라남도 나주시 다도면 판촌리 산175-6 • 전라남도 고흥군 포두면 남성리 산298-2 • 전라남도 진도군 의신면 금갑리 971-2 (약 1km 전방에 주차장)
아마존빅토리아수련	• 전라남도 무안군 일로읍 산정리 842-6 무안 회산백련지

7월 말	조도만두나무	• 전라남도 진도군 임회면 남동리 431 남도석성 (인근 밭 가장자리)
	애기등	• 전라남도 진도군 군내면 녹진리 산2-92 바닷가 (진도대교가 보이는 곳)
	노랑별수선	• 전라남도 진도군 의신면 초사리 654-4 바닷가
	일월비비추, 원추리, 범꼬리	• 전라남도 구례군 산동면 좌사리 산110-3 지리산 노고단 / 성삼재휴게소
	원추리	• 전라남도 영암군 영암읍 개신리 484-120 월출산 사자봉 방향

광주 · 전라남도

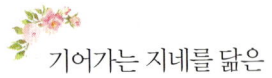
기어가는 지네를 닮은
지네발란

길쭉하고 통통한 잎이 줄기를 따라 양쪽으로 어긋나 있는 모습은 영락없이 다리가 많이 달린 지네를 떠오르게 한다. 바위에 붙어서 자라는 모습 또한 바위 위로 기어가는 지네와 비슷하다 하여 붙여진 이름이며, 지네난초라고도 한다.

키는 1~3cm이고, 줄기는 딱딱하고 가늘며 느슨하게 가지가 갈라진다. 잎은 길이 0.6~1cm이며 가죽질에 딱딱하고 끝이 둔하다. 꽃은 연한 홍색으로, 잎자루가 칼집 모양으로 줄기를 싸고 있는 곳에서 1송이씩 달려 나온다. 꽃줄기는 약 0.2cm이며, 아래 잎은 3갈래로 갈라지고 흰색이며 주머니 모양으로 꽃 끝에 달린 돌기가 있다. 열매는 9~10월경에 길이 약 0.6cm의 거꾸로 된 달걀 모양으로 달린다.

전라남도의 신안과 목포, 제주도에서 나는 상록 여러해살이풀이다. 생육환경은 해안가 근처의 습기가 많고 햇볕이 잘 들거나 반그늘진 곳의 나무와 바위에 붙어 자란다. 자생지는 점점 확대되는 추세지만, 제주도에서는 강한 바람을 이기지 못하여 나무에 착생한 개체들이 많이 떨어지고 있었다. 전라남도 모처의 자생지는 2011년에 거의 훼손되었다고 알려져 안타까움을 더한다. 이 품종은 기후 변화에 의해 점점 서식지가 남부 해안가로 올라오고 있기 때문에 앞으로 더 철저히 자생지를 보호해야 한다. 우리나라에서는 멸종위기 야생식물 2급으로 분류하여 관리하고 있다.

학명 | *Sarcanthus scolopendrifolius* Makino

광주 · 전라남도

지네발란(나주호)

지네발란(나주호)

함께 볼 수 있어요!

계요등(흰색, 죽녹원)

망태말뚝버섯(죽녹원)

노랑땅나리(비금도) 　　　　　　　　　　　　　　　땅나리(비금도)

출사시기 및 장소

8월 초

백련, 홍련, 가시연꽃, 왜연, 왜개연꽃, 수련, 어리연꽃, 노랑어리연꽃, 순채, 물옥잠, 택사, 물양귀비, 물질경이	• 전라남도 무안군 일로읍 복룡리 83 회산백련지
배롱나무	• 전라남도 담양군 고서면 산덕리 513 명옥헌
붉노랑상사화	• 전라남도 영광군 불갑면 모악리 8 불갑사
상사화	• 전라남도 영광군 백수읍 길용리 2-43 영산선학대학교 원불교영산성지
아마존빅토리아수련	• 전라남도 무안군 일로읍 복룡리 147 무안군 회산백련지

8월 말

백양꽃	• 전라남도 함평군 해보면 광암리 411-1 용천사 • 전라남도 장성군 북하면 약수리 121 백양사 쌍계루 앞
땅귀개	• 전라남도 영광군 불갑면 방마리 산31-6 불갑저수지 수변공원
등에풀	• 전라남도 영광군 불갑면 방마리 483-6 정자 아래
연꽃	• 전라남도 해남군 마산면 노하리 836 연구저수지
해바라기	• 전라남도 해남군 마산면 노하리 1054 간척지
붉노랑상사화, 백양꽃	• 전라남도 장성군 북하면 약수리 26 백양사
진노랑상사화	• 전라남도 영광군 불갑면 모악리 8 불갑사

꽃이 100일간 피는
배롱나무

배롱나무라는 이름은 백일홍(百日紅)에서 유래한 것으로 보인다. 꽃이 100일 동안 핀다는 뜻이다. 그렇다고 꽃 한 송이가 오래 피는 것은 아니고, 하나의 꽃이 지면 옆에서 또 다른 꽃이 피어서 전체적으로 100일 동안 꽃을 즐길 수 있다는 뜻이다. 초본식물에도 백일홍이 있는데, 보통 백일홍이라고 하면 초본을 가리키므로 이 식물은 따로 **목백일홍**이라고 부른다. 줄기를 긁으면 나뭇가지가 간지럼을 타듯 움직이기 때문에 충청도 일부 지방에서는 **간지럼나무**라고 부른다. 나무껍질이 벗겨진 곳은 편평하고 매끄러운 흰색이어서 **흰색간질나무**라고도 한다. 한자로는 **파양수(怕癢樹)**라고 한다. 일본에서는 사루스베리(猿滑リ)라 하여 원숭이도 미끄러지는 나무라 하는데, 나무껍질이 매우 매끄러워서 붙여진 이름이다. 이 밖에도 **자미화(紫微花)**, **자금화(紫金花)**라는 이름도 있다.

낙엽활엽소교목으로 키는 5m 정도이고 나무껍질은 갈색 또는 연한 홍자색이며 잔가지는 네모져 있다. 잎은 두껍고 마주나며 타원형 또는 거꾸로 된 달걀 모양이고 뒷면에는 맥을 따라 털이 있다. 꽃은 홍색 또는 흰색으로 가지 끝의 마지막 곁가지에 뭉쳐 달리고 전체가 원뿔 모양을 이룬다. 꽃은 7~9월에 피는데 늦은 여름에야 핀다고 해서 게으름뱅이 나무라는 별명도 있다. 열매는 타원형에 여러 개의 씨방으로 되어 있으며 10월에 갈색으로 익는다.

중국 원산으로 우리나라에서는 중부 이남에서 자란다. 추위에 약해 중부 이북 지방에서는 월동이 어렵다. 또한 조해에는 약하지만 침수에는 강하다. 햇빛이 들고 습기가 있는 비옥한 땅을 좋아한다.

꽃이 아름다우며 꽃 피는 기간도 길어 정원수, 관상수 용도로 심는다. 목재는 기구용, 세공품용으로 사용한다. 잎과 뿌리는 약으로 쓰는데 백일해와 기침에 좋으며 대하증, 불임증에 좋다고 한다.

경상북도에서는 배롱나무 꽃을 도화(道花)로 지정할 만큼 좋아하지만, 제주도에서는 껍질이 벗겨지는 모습이 마치 뼈만 앙상하게 남은 듯하고 붉은 꽃은 마치 피 같아서 불길해 보인다 하여 심지 않는다.

강릉 오죽헌의 죽헌 배롱나무는 이율곡 선생이 애지중지하던 나무라고 한다. 수령이 450년은 넘었음을 짐작할 수 있다. 부산 양정동의 배롱나무는 수령이 800년으로 추정되며 높이 8.3m, 지름 0.9m에 이른다. 천연기념물 제168호로 지정되어 있다.

배롱나무(담양 명옥헌)

학명 | *Lagerstroemia indica* L.

광주 · 전라남도

함께 볼 수 있어요!

바늘여뀌(광주)

입술망초(증심사)

붉노랑상사화(백양사)

등에풀(광주)

출사시기 및 장소

9월

산오이풀, 산비장이, 물매화, 노루오줌, 둥근이질풀	• 전라남도 구례군 산동면 좌사리 110-6 성삼재 주차장 / 지리산 노고단
층꽃나무	• 전라남도 영광군 법성면 대덕리 산117-9
석산	• 전라남도 함평군 해보면 광암리 409-30 용천사
석산, 수정란풀	• 전라남도 영광군 불갑면 모악리 8 불갑사
성주풀, 가는잎산들깨, 병아리다리	• 전라남도 신안군 압해읍 송공리 58-38 송공산분재공원
야고	• 광주광역시 서구 쌍촌동 1268-1 무각사 옆 큰 도로변 정자 부근
큰꿩의비름, 층꽃나무	• 전라남도 완도군 완도읍 대신리 산8-205 완도 오봉산 / 심봉 상황봉
층꽃나무	• 전라남도 보성군 득량면 해평리 산76-1 보성 오봉산
가는잎산들깨(변종)	• 전라남도 진도군 지산면 심동리 13 진도 동석산

10월

홍도서덜취	• 홍도, 흑산도, 가거도
월출산 녹차밭(풍경)	• 전라남도 영암군 덕진면 운암리 산53-2 한국제다 호남다원
운해와 일출(풍경)	• 전라남도 영암군 금정면 연소리 산645-1 영암 풍력발전 (서광목장)
단풍(풍경)	• 전라남도 화순군 이서면 창랑리 산373 물염정 (바로 앞 물염적벽) • 전라남도 화순군 이서면 월산리 1109-1 화순절벽
물안개와 단풍(풍경)	• 전라남도 화순군 화순읍 세량리 252-1 / 94-2 세량지

11월

순천만(풍경)	• 전라남도 순천시 해룡면 농주리 순천만
작은 S라인(풍경)	• 전라남도 순천시 해룡면 농주리 141-2 /상내리 709-1
선암사(풍경)	• 전라남도 순천시 승주읍 죽학리 758-1
단풍(풍경)	• 전라남도 순천시 송광면 월산리 830 일일레저타운 • 전라남도 순천시 송광면 신평리 134-1 송광사
해국	• 전라남도 여수시 화정면 백야리 10-13 백야등대 아래
일출과 운해(풍경)	• 전라남도 구례군 구례읍 산성리 산37 / 산34 / 산30-5 산성봉 정상 부근 바위
단풍과 일출(풍경)	• 전라남도 보성군 보성읍 봉산리 1287 보성녹차밭 2주차장
남해 일출(풍경)	• 전라남도 여수시 돌산읍 금성리 작금등대
월출산(풍경)	• 전라남도 영암군 군서면 월곡리 호동저수지
세량지 설경(풍경)	• 전라남도 화순군 화순읍 세량리 252-2
만연사 설경(풍경)	• 전라남도 화순군 화순읍 동구리 179
무등산 눈꽃(풍경)	• 광주광역시 북구 금곡동 846 원효사
외딴집 설경(풍경)	• 전라남도 장성군 삼서면 보생리 620-2

절에서 흔히 심는 가을꽃

석산

꽃무릇이라는 이름으로도 많이 알려져 있다. 석산은 돌 틈에서 자라는 마늘이라는 뜻으로 식물의 모양이 마늘종을 닮은 데서 유래되었다. 이 밖에 **가을가재무릇**, **지옥꽃**이라고도 불린다. 피처럼 붉은 빛깔의 꽃과 달걀 모양의 비늘줄기가 가진 독성 탓에 '죽음의 꽃'으로 여겨지기도 한다.

   석산은 상사화와 아주 밀접한 관련이 있는데, 우선 두 식물이 가진 별칭 중에 무릇이라는 공통된 단어가 들어 있다. 석산은 가을가재무릇, 상사화는 개가재무릇이라고 한다. 언뜻 보면 생긴 모양도 아주 비슷한데 특히 잎과 꽃이 함께 달리지 않는 것이 똑같다. 그러나 꽃 색깔이 달라서 석산은 붉은색이고 상사화는 홍자색이다. 또 상사화는 여름꽃이고 석산은 가을꽃이다. 최근 어느 지방에서 가을에 피는 석산을 즐기는 축제를 열었는데 그 이름을 '상사화 축제'라고 칭하는 웃지 못 할 일도 있었다. 이처럼 석산과 상사화는 혼동할 수 있으므로 두 꽃을 서로 비교하며 감상해보기를 권한다.

학명 | *Lycoris radiata* (L'Her.) Herb.

꽃대의 높이는 30~50cm로 자란다. 잎은 넓은 선 모양이며 짙은 녹색으로 광택이 난다. 길이 30~40cm, 너비는 1.5cm 정도이며 10월경에 꽃이 시들면 알뿌리에서 새잎이 올라온다. 꽃은 9~10월에 붉은색으로 피는데 길이가 약 4cm, 너비는 0.5~0.6cm 정도로 끝부분이 뒤로 약간 말리고 주름이 진다. 열매는 맺지 않는다.

원산지는 중국 양쯔강, 일본이며 우리나라에서는 서해안과 남부 지방에 분포한다. 반그늘이나 양지, 어디에서나 잘 자라고 물기가 많은 곳에서도 잘 자란다. 수선화과에 속하는 여러해살이풀로 관상용으로 쓰이며, 한방에서는 비늘줄기를 약재로 사용한다. 비늘줄기에는 여러 종류의 알칼로이드 성분을 함유하고 있는데 독성을 제거하면 좋은 녹말을 얻을 수 있다.

가정에서도 흔히 가꾸지만 주로 사찰 근처에 많이 심는데, 그 이유는 뿌리에서 추출한 녹말로 불경을 본하고, 탱화를 만들 때에도 사용하며, 고승들의 진영을 붙일 때도 썼기 때문이다.

광주·전라남도

석산

석산(불갑사)

함께 볼 수 있어요!

수정난풀(불갑사)

성주풀(압해도)

층꽃나무(법성포)

무릇(법성포)

낙안읍성(순천)

순천만

광주·전라남도

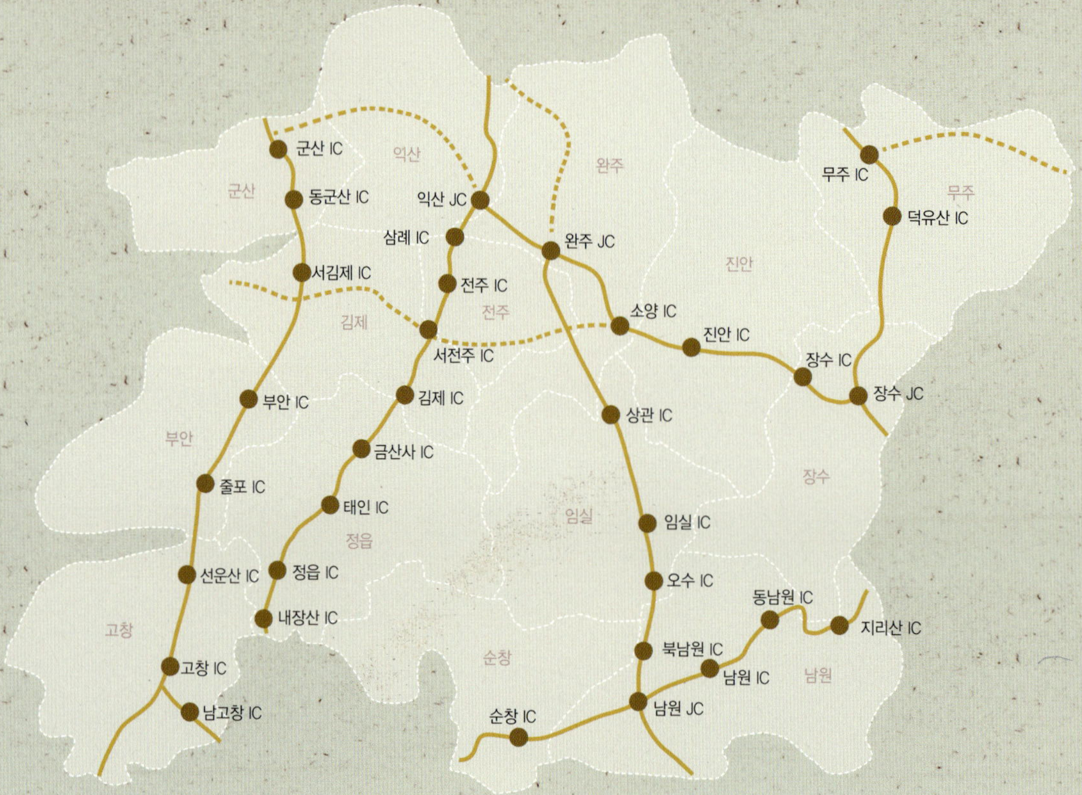
군산 IC
익산
군산
동군산 IC
익산 JC
완주
무주 IC
무주
덕유산 IC
삼례 IC
완주 JC
서김제 IC
전주 IC
진안
전주
소양 IC
김제
서전주 IC
진안 IC
장수 IC
장수 JC
부안 IC
김제 IC
상관 IC
부안
금산사 IC
장수
줄포 IC
태인 IC
임실
임실 IC
정읍
정읍 IC
선운산 IC
오수 IC
동남원 IC
내장산 IC
지리산 IC
고창
순창
북남원 IC
고창 IC
남원 IC
남원
남고창 IC
남원 JC
순창 IC

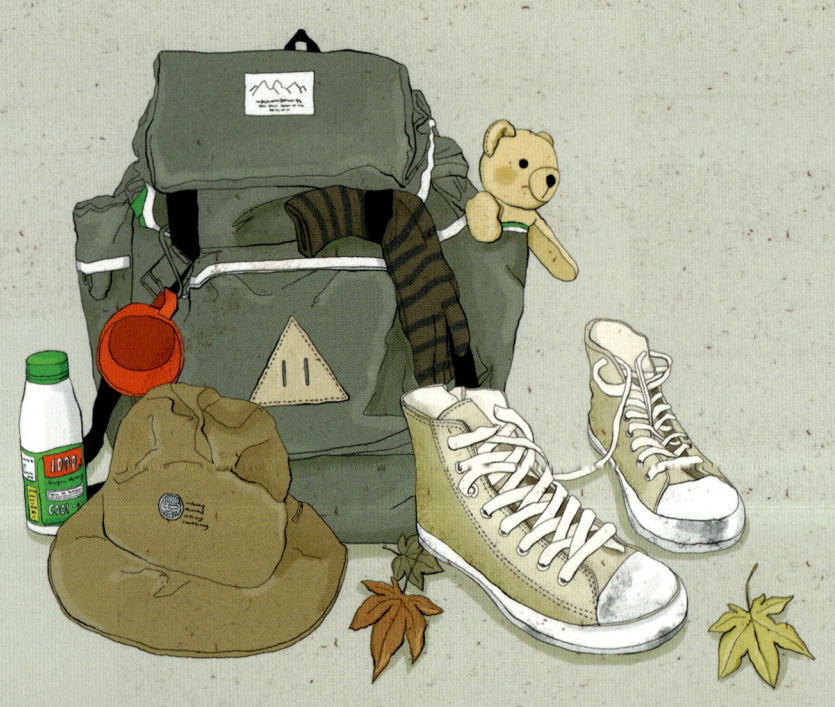

전라북도에서 만난 야생화와 풍경

전라북도 부안에는 백사청송(白沙靑松)의 아름다움을 자랑하는 변산반도가 있다. 그리고 그곳에는 여름이면 푸른 바다와 어울리는 예쁜 참나리가 핀다. 주황색 꽃잎에 빼곡하게 박힌 자주색 점 때문에 '호랑나리'라고도 불린다. 나리는 옛날에 지체가 높거나 권세 있는 사람을 높여 부르던 말인데, 여기에 진짜라는 의미가 담긴 '참' 자가 붙었으니 나리 중의 으뜸인 셈이다. 옛날에도 청렴한 벼슬아치를 참나리, 탐관오리를 개나리라고 불렀다고 한다.

1~3월

출사시기 및 장소

1월

동림저수지 가창오리(풍경)	• 전라북도 고창군 성내면 동산리 455 / 392 • 전라북도 고창군 성내면 신성리 597-2
벽골제 별 궤적(풍경)	• 전라북도 김제시 부량면 신용리 119-1
부부송과 보리밭(풍경)	• 전라북도 김제시 제월동 440-7
능제저수지(풍경)	• 전라북도 김제시 만경읍 장산리 457-2
소나무(풍경)	• 전라북도 부안군 계화면 계화리 531 계화도 계화보건진료소
계화정 탑 별 궤적(풍경)	• 전라북도 부안군 계화면 궁안리 산50
곰소염전(풍경)	• 전라북도 부안군 진서면 진서리 1219-19 곰소쉼터휴게소
월령봉 일몰(풍경)	• 전라북도 군산시 옥도면 신시도리 산4-13 / 산4-8
붉은겨우살이	• 전라북도 정읍시 내장동 산228 내장산 원적암 (주위의 참나무 숲) • 전라남도 장성군 북하면 약수리 26 백양사
선운사 설경(풍경)	• 전라북도 고창군 아산면 삼인리 287-19
내소사 설경(풍경)	• 전라북도 부안군 진서면 석포리 240
금강하구둑 가창오리(풍경)	• 전라북도 군산시 나포면 옥곤리 955-27 금강하구둑
적상산 설경(풍경)	• 전라북도 무주군 적상면 괴목리 산184-1 안국사
겨우살이, 붉은겨우살이	• 전라북도 무주군 적상면 북창리 산119-8 적상산 전망대
덕유산 설경(풍경)	• 전라북도 무주군 설천면 심곡리 1287-5 무주덕유산리조트 스노모빌

2월

광한루(풍경)	• 전라북도 남원시 천거동 237-1
변산바람꽃	• 전라북도 부안군 상서면 청림리 435 변산반도
노루귀, 복수초	• 전라북도 부안군 진서면 석포리 268 내소사
변산반도 솔섬(풍경)	• 전라북도 부안군 변산면 도청리 312 전북학생해양수련원
나도범의귀	• 전라북도 전주시 덕진구 용정동 503-28 한국도로공사수목원 주차장
복수초, 너도바람꽃	• 전라북도 완주군 운주면 금당리 477

3월

노루귀	• 전라북도 완주군 운주면 고당리 78
석창포	• 전라북도 고창군 아산면 삼인리 287-19 선운사 계곡
산자고, 보춘화	• 전라북도 군산시 옥도면 신시도리 261 신시도 (대각산 / 앞산) • 전라북도 군산시 옥도면 대장도리 32 대장도 장군봉
노루귀	• 전라북도 완주군 운주면 고당리 46 숯고개
구슬이끼	• 전라북도 완주군 운주면 고당리 136
히어리, 노루귀	• 전라북도 완주군 운주면 금당리 79-3
산개나리	• 전라북도 임실군 관촌면 덕천리 산36

봄을 알리는 야생 난초
보춘화

　봄을 알리는 꽃이라는 뜻의 이름 그대로 봄에 아름다운 꽃을 피우는 난초이다. 가정에서 키우기도 하는데, 보통 가정에서 키우는 야생 난은 꽃을 피우기가 쉽지 않다. 그 이유는 식물이 너무 잘 자라는 환경을 만들어 주기 때문이다. 잘 크게 해 주면 꽃도 잘 필 것 같지만 난은 다르다. 좋은 꽃을 구경하려면 식물체를 튼튼하게 하는 것이 우선이다. 난들은 뿌리에 물을 저장해 두는 성질이 있으므로 특히 물 관리를 잘해야 한다. **춘란**, **보춘란**이라고도 한다.

　잎은 길이 20~50cm, 너비 0.6~1cm로 뿌리에서 나온다. 잎은 끝이 뾰족하고 가장자리에 미세한 톱니가 있는데, 가죽처럼 질기며 진녹색을 띠는 것이 특징이다. 꽃은 이른 봄에 피며, 흰색 바탕에 짙은 홍자색 반점이 있다. 꽃의 안쪽은 울퉁불퉁하고 중앙에 홈이 있어 아기자기한 맛이 있다. 또 끝은 3개로 갈라지고, 전체 길이는 3~3.5cm이다. 뿌리 하나에 꽃이 하나씩 달린다. 꽃대의 길이는 10~25cm이다. 열매는 6~7월경에 길이 5cm 정도로 달리며 열매 안에 씨앗이 미세한 먼지처럼 무수히 많이 들어 있다. 씨앗을 발아시키기는 쉽지 않다.

　우리나라에 자생하는 야생 난으로 전라남도, 전라북도, 경상남도, 제주도, 울릉도 등지에 분포한다. 해안의 소나무가 많은 곳에서 모여 자라는데, 최근에는 내륙에서도 자생지가 발견되었다. 자라는 환경이나 조건에 따라 잎과 꽃의 변이가 많이 일어나는 품종으로, 이러한 변종은 매우 희귀해 가격도 상당히 비싸며 관상용으로 인기가 높다. 때문에 야생에서 남획되는 일이 많아서 환경부가 특정야생식물로 지정해 보호하고 있다. 예전에는 약재로도 사용되었다.

학명 | *Cymbidium goeringii* (Rchb. f.) Rchb. f.

보춘화(신시도)

보춘화(신시도)

함께 볼 수 있어요!

산자고(신시도)

전라북도

복수초(완주)

현호색(금산)

덕유산 설경

출사시기 및 장소

4월 초
노랑붓꽃
- 전라북도 부안군 변산면 중계리 산95-90 내소사 직소폭포
- 전라북도 부안군 상서면 감교리 690-2
- 전라북도 부안군 진서면 석포리 240 내소사 노루귀계곡 위
- 전라북도 부안군 변산면 도청리 137-1
- 전라북도 부안군 상서면 감교리 714 개암사

4월 중
흰자주괴불주머니
벚나무
나도개감채
남바람꽃
긴병꽃풀, 풍년화
내장금란초

- 전라북도 부안군 상서면 감교리 869-78
- 전라북도 진안군 마령면 동촌리 70-21 마이산
- 전라북도 남원시 운봉읍 화수리 344-2 황산대첩비지
- 전라북도 순창군 구림면 안정리 3-1 회문산자연휴양림
- 전라북도 전주시 덕진구 반월동 848 한국도로공사수목원
- 전라북도 완주군 동상면 대아리 359-2 금낭화 군락지 오르는 길목

5월 초

숙은처녀치마, 노랑제비꽃,
나도바람꽃, 애기괭이밥, 덩굴개별꽃
- 덕유산 향적봉

흰골무꽃
- 전라북도 익산시 금마면 서고도리 456-2 연동제

정향풀
- 전라북도 전주시 덕진구 용정동 503-11 덩굴식물원 주변

철쭉
- 전라북도 장수군 번암면 동화리 1218 봉화산 임도길 따라 정상까지

후박나무
- 전라북도 부안군 변산면 격포리 252-11

5월 중

백양더부살이
- 전라북도 정읍시 송산동 73-23 상동교 상류 방향
- 전라북도 정읍시 부전동 1065-12 내장저수지 제방

석곡
- 전라북도 고창군 아산면 삼인리 618 선운사 도솔암

나도수정초
- 전라북도 고창군 아산면 삼인리 561 화장실 옆

5월 말

호자덩굴, 정금나무
- 전라북도 군산시 옥도면 신시도리 산4-9 신시도 주차장

갯메꽃
- 전라북도 부안군 변산면 도청리 309-2 솔섬 전북학생해양수련원

양뿔사초
- 전라북도 군산시 옥산면 당북리 638-11 백석제

하나의 꽃줄기에서 두 개의 꽃을 피우는

노랑붓꽃

    우리나라 특산식물로 분포 지역이 매우 좁고 개체수도 적은 귀한 꽃이다. 겉모습이나 자생 환경이 금붓꽃과 비슷하여 혼동하기 쉽지만, 금붓꽃은 전국적으로 분포하는 반면 노랑붓꽃은 서남부 일부 지역에서만 자란다. 무엇보다도 노랑붓꽃의 가장 큰 특징은 하나의 꽃줄기에서 2개의 꽃을 피운다는 점이다. 그러나 2개의 꽃이 동시에 피는 것은 아니어서 정확히 구분하기 위해서는 꽃대를 세어보는 것이 좋다. 또 자세히 보면 노랑붓꽃은 씨방이 노출되어 있고, 잎의 너비가 넓다. 꽃잎의 뒷면이 금붓꽃은 연한 갈색, 노랑붓꽃은 노랑색인 점도 다르다.

    키는 약 20cm이며, 잎은 창 모양으로 뾰족하고 길이 약 35cm, 너비 약 1.3cm로 10~14맥이 있다. 3~4장이 나오며, 뿌리에서 자란 잎은 밑부분에서 줄기를 감싸고 겉에 마른 잎이 남아 있다. 꽃이 핀 다음에 꽃대보다 더 길게 자라고 꽃대에 달린 잎은 짧으며 맥이 있다. 땅속줄기는 가늘며, 옆으로 길게 뻗고 원줄기는 드문드문 나온다. 꽃은 노란색이며 길이 2~2.5cm이고 외꽃덮이와 내꽃덮이로 갈라진다. 꽃잎은 타원형으로 끝이 파지고 곧추선다. 꽃받침은 황색으로 거꾸로 된 달걀 모양이며 씨방은 긴 타원상 방추형이고 암술머리는 뒤로 젖혀지며 뾰족하고 옆에 줄이 있다. 여러 개의 씨방으로 된 열매는 둥근 모양이다.

    우리나라 전라남도와 전라북도의 일부 지역에 분포하며, 최근에는 경상북도에서도 사생지가 확인되있다. 신지의 풀밭지껌 주변 습도기 높은 양지바른 곳이나 습기가 많은 곳에서 자란다. 관상 가치가 높아서 불법 채취될 가능성이 높은데, 멸종위기 야생식물 2급으로 지정되어 있는 만큼 각별히 보호해야 한다.

학명 | *Iris koreana* Nakai

노랑붓꽃

전라북도

함께 볼 수 있어요!

분꽃나무(신시도)

애기풀(신시도)

숙은처녀치마(덕유산)

숙은처녀치마(흰색, 덕유산)

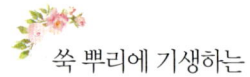

쑥 뿌리에 기생하는

백양더부살이

식물의 삶도 어찌 보면 우리네 삶과도 비슷한 게 많은 것 같다. 자생적으로 혼자 크는 식물이 있는 반면, 다른 식물의 도움이 있어야 자라는 식물도 있다. 또 어떤 환경에서든 살아가는 강인한 생명력을 가진 식물이 있는가 하면, 온실에서 자란 화초마냥 주변 환경이 조금만 바뀌어도 쉽게 죽고 마는 식물도 있다. 더부살이는 셋방살이를 한다는 뜻이다. 즉 다른 식물이 이미 자리 잡고 있는 곳에 들어가 그 식물이 마련해 놓은 보금자리에서 함께 자란다는 뜻이다. 백양더부살이가 바로 그런 경우로, 쑥 뿌리 속에서 기생을 하며 양분을 공급받는 반기생식물이다. 그래서 흔히 **쑥더부사리**라고도 한다.

열당과에 속하는데, 열당과는 엽록체가 없고 다른 식물의 뿌리에 기생하는 식물들의 부류다. 전 세계에 150종이 있는데, 우리나라에는 백양더부살이말고도 억새에 기생하는 야고를 비롯하여 8종이 있다.

키는 10~30cm이며, 잎은 비늘조각 같은 것이 많이 붙어 있고 잔털이 빽빽이 나 있다. 길쭉한 삼각형 모양으로 어긋나게 달린다. 꽃은 보라색 바탕에 흰 줄무늬가 있는 통꽃으로 길이 1~2cm이다. 늦은 봄인 5~6월에 줄기 밑에서 윗부분까지 모여 달린다. 열매는 6월경에 갈색으로 열린다.

백양더부살이는 일제강점기 때 일본인 학자가 처음으로 발견했지만, 이후 멸종되었다가 2003년에 다시 생존이 확인되어 세계 식물학계에 보고되었다. 2007년에는 제주도에서도 1,000여 개체가 발견되었다. 전라북도 정읍의 내장산 일대에 분포하며 쑥이 있는 곳의 풀숲에서 자란다.

학명 | *Orobanche filicicola* Nakai

백양더부살이

함께 볼 수 있어요!

석곡

상치아재비(정읍)

나도수정초(선운사)

개별꽃(덕유산)

나도물통이(회문산자연휴양림)

남바람꽃(회문산자연휴양림)

청보리밭(고창)

 6~7월

출사시기 및장소

6월 초
자란초, 민백미꽃
- 전라북도 무주군 적상면 괴목리 산184-1 안국사

큰방울새란
- 전라북도 군산시 비응도동 22

6월 중
닭의난초(홍색)
- 전라북도 무주군 적상면 괴목리 산13-2 구천동터널

날개하늘나리
- 전라북도 무주군 설천면 심곡리 무주덕유산리조트 설천하우스

6월 말
흰참꽃나무, 왜우산풀
- 전라북도 남원시 산내면 정령치로 1523 정령치휴게소 → 만복대

선백미꽃
- 전라북도 무주군 설천면 심곡리 1287-4 덕유산 향적봉

으름난초
- 전라북도 진안군 마령면 동촌리 70-21 마이산

7월 초

병아리난초	• 전북 남원시 주천면 은송리 264 지리산 둘레길
노랑참나리	• 전라북도 부안군 변산면 도청리 312 전북학생해양수련원
참나리	• 전라북도 부안군 변산면 격포리 282-72 채석강
	• 전라북도 군산시 옥도면 신시도리 산4-13 대각산 / 앞산
향등골나물	• 전라북도 완주군 화산면 운제리 산66-4 경천저수지 사면
망태말뚝버섯	• 전라북도 익산시 금마면 신용리 636-1

7월 말

흰제비란	• 전라북도 남원시 산내면 덕동리 산215-23 정령치휴게소 → 정령치습지
독미나리, 각시수련, 물고사리	• 전라북도 군산시 옥산면 당북리 638-11 백석제
실비단폭포(풍경)	• 전라북도 남원시 산내면 부운리 422-1 뱀사골

전라북도

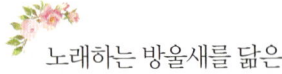
노래하는 방울새를 닮은
큰방울새란

    큰방울새란의 꽃잎이 활짝 벌어지면 마치 방울새가 입을 벌려 노래하는 듯 경쾌한 모습을 자아낸다. 전체적으로 방울새란과 비슷하게 생겼으나, 방울새란은 꽃잎이 거의 벌어지지 않는다. 또 큰방울새란이 잎과 꽃이 더 크고 열매도 길다. 일반적으로 이름에 '란' 자가 들어가는 종류들은 겨울에도 푸른 잎이 남아 있는 상록성이다. **방울새난초**라고 부르기도 한다.

    키는 15~30cm이고 줄기는 가늘며 곧게 선다. 뿌리는 길이 1~2cm로 가늘고 땅속줄기는 곧다. 잎은 원줄기 중앙에 1개가 달리는데 날개처럼 되어 있으며 끝이 둔하고 밑부분이 좁아지며 긴 타원형이다. 잎의 길이는 4~10cm, 너비는 0.7~12cm이다. 꽃은 홍자색으로 원줄기 끝에 1개 달리며, 포엽은 길이가 2~4cm, 너비는 0.3~0.6cm로 씨방보다 다소 길다. 꽃받침조각은 길이 약 0.2cm, 너비 약 0.4cm의 긴 타원형으로 끝이 둔하다. 꽃잎은 긴 타원형으로 끝이 둔하고 꽃받침보다 다소 짧다. 꽃잎의 입술 부분은 거꾸로 된 달걀 모양이고 안쪽과 가장자리에 두꺼운 돌기가 있다. 열매는 10월경에 길이 2~2.5cm, 너비 약 0.5cm의 긴 타원형으로 달리며 먼지 같은 씨앗이 많이 들어 있다.

    우리나라, 일본, 중국에 분포하며, 우리나라 전국 각지에서 자라는 여러해살이풀이다. 햇볕이 잘 드는 습지를 좋아하고 관상용으로 심기도 한다.

학명 | *Pogonia japonica* Rchb. f.

큰방울새란(군산)

함께 볼 수 있어요!

서양금혼초(개민들레, 군산)

선백미꽃(덕유산)

닭의난초(무주)

돌가시나무(비응도)

나리 중의 왕

참나리

참나리에는 아름다운 아가씨에 얽힌 이야기가 전해진다. 그녀에게 반하여 구애를 한 것은 불행히도 평소 망나니로 소문이 자자한 원님의 아들이었다. 아가씨가 끝끝내 마음을 열지 않자 원님의 아들은 그녀를 살해하고 말았다. 그 후 아가씨가 묻힌 자리에서 피어난 꽃이 바로 참나리였다. 참나리의 꽃말은 '깨끗한 마음'이다.

나리꽃을 대표하는 종으로 그냥 나리라고 부르기도 한다. '참'은 진짜라는 뜻이다. 붉은 꽃잎이 뒤로 말려 있어서 권단(卷丹)이라고도 하며 백합, 알나리라고도 한다.

키는 1~2m이다. 줄기에는 검은빛이 도는 자주색 점이 빽빽이 있으며 어릴 때는 흰색의 거미줄 같은 털이 있다. 비늘줄기는 흰색에 지름 5~8cm의 둥근 모양이며 밑에서 뿌리가 나온다. 잎은 뾰족한 피침형으로 줄기에 다닥다닥 어긋나게 달리며 길이가 5~18cm, 너비는 0.5~1.5cm이다. 줄기에서 잎이 나오는 곳에 마치 씨앗 같은 짙은 갈색의 구슬눈[珠芽]이 달린다. 꽃은 짙은 황적색으로 7~8월에 피며, 길이는 7~10cm로 가지 끝과 원줄기 끝에 4~20개가 밑을 향해 달린다. 꽃잎은 뒤로 말리는 형태이며, 흑자색 반점이 많이 나 있다. 9~10월에 열매가 달리지만 맺지는 못한다. 꽃은 아름다우나 향기는 거의 나지 않는다. 하지만 꿀이 많아 제비나비나 호랑나비 무리가 많이 찾는다.

백합과에 속하는 여러해살이풀로 우리나라와 일본, 중국, 사할린 등지에 분포한다. 우리나라에서는 전국의 산과 들에서 자라며 중성 토양의 양지바른 곳을 좋아한다. 관상용으로 재배하기도 하고 비늘줄기는 식용 및 약용으로 쓰인다. 비늘줄기에는 포도당 성분이 많아 단맛이 나며 구황식물로도 이용되었다. 또 꽃잎으로 술을 담그면 그 빛깔과 맛이 독특하다.

학명 | *Lilium lancifolium* Thunb.

참나리(변산반도)

전라북도

🚶 함께 볼 수 있어요!

노랑참나리(변산반도)

원추리(변산반도)

구름패랭이꽃(지리산 정령치)

흰제비란(지리산 정령치)

일월비비추(지리산 노고단)

기린초(지리산 노고단)

실비단폭포(지리산)

전라북도

8~9월

출사시기 및 장소

8월 초		
	산오이풀, 구름병아리난초	• 전라북도 무주군 설천면 심곡리 1287-4 덕유산 중봉
8월 중		
	둥근이질풀, 산오이풀, 꿩의비름, 까실쑥부쟁이, 나도잠자리란, 물매화, 앉은좁쌀풀, 어수리	• 지리산 노고단
	산비장이, 일출(풍경)	• 전라북도 남원시 산내면 덕동리 산215-23 지리산 만복대
8월 말		
	위도상사화	• 전라북도 부안군 위도면 진리 산217-3 / 정금리 산26 / 대리 406-5
	붉노랑상사화	• 전라북도 부안군 변산면 중계리 산96-1 월명암 • 전라북도 부안군 변산면 운산리 567-1 마실길 (송포항 → 고사포해변) • 전라북도 부안군 상서면 청림리 381-1
	새만금방조제 및 신시도 조망(풍경)	• 전라북도 부안군 하서면 백련리 1090 / 산165-1

9월 초

| 전주물꼬리풀 | • 전라북도 전주시 덕진구 송천동1가 3-36 오송제 습지 |
| 수까치깨(흰색) | • 전라북도 완주군 동상면 대아리 360 대아수목원 금낭화 군락지 |

9월 중

애기앉은부채	• 전라북도 순창군 쌍치면 중안리 93-1 / 95
곰소염전(풍경)	• 전라북도 부안군 진서면 진서리 1219-19 곰소쉼터휴게소
솔섬(풍경)	• 전라북도 부안군 변산면 도청리 1072-1 전북학생해양수련원
묏미나리	• 전라북도 익산시 여산면 호산리 54-5 천호동굴 하류
애기등	• 전라북도 김제시 금산면 금산리 46-1 금산사 주변 (해발 250m 지역)

9월 말

| 부추, 닭의장풀 | • 전라북도 군산시 옥도면 대장도리 32-2 대장도 장군봉 |
| 층꽃나무 | • 전라북도 군산시 옥도면 장자도리 34 선유도 장자도여객터미널 바닷가 |

꽃과 잎이 서로 만나지 못하여 그리워하는
위도상사화

위도상사화는 꽃이 있을 때는 잎이 없고, 잎이 있을 때는 꽃이 없다. 봄에 나온 잎이 다 사라진 후, 여름이 끝나갈 때쯤 꽃이 피기 때문이다. 화엽불상견(花葉不相見) 즉 꽃과 잎이 만나지 못하고 언제나 서로를 그리워하여 상사화라는 이름이 붙었으며, 흰상사화라고도 한다.

키는 60~80cm이고, 잎은 2월 말부터 올라오기 시작하는 춘기출엽형이다. 녹색으로 길며 털이 없고 길이 47~66cm, 너비 1.7~2.5cm정도의 크기로 성장한다. 뿌리는 비늘줄기로 달걀형이고 크기는 5.5~7.5cm이며 긴 목을 갖고 있다. 꽃대는 8월 말~9월 초에 성장하는데 곧게 서고 끝에 여러 개의 꽃이 모여 두상꽃차례를 이룬다. 꽃은 엷은 황색을 띤 흰색으로 5.5~6.2cm 크기의 꽃덮개를 가지며

학명 | *Lycoris uydoensis* M. Y. Kim

가장자리는 부드럽다. 포엽은 2장으로 뾰족하다. 꽃받침조각이나 꽃잎, 수술 등이 합착하여 대롱 모양을 이룬 부분의 길이는 2~2.4cm이다. 씨방은 연녹색으로 약 0.5cm이다. 씨앗은 맺지 않는다.

    수선화과에 속하는 여러해살이풀로, 물빠짐이 좋고 부엽토가 풍부한 풀밭이나 건조한 절벽의 바위틈에서 자란다. 현재 알려진 분포지는 전라북도 부안군에 위치한 위도와 서남해안의 섬에 집중되어 있고 개체수가 많지 않아 각별한 보호가 필요한 품종이다.

위도상사화(위도)

함께 볼 수 있어요!

애기앉은부채(순창)

개곽향(위도)

무릇(솔섬)

단풍마(암꽃, 위도)

동물의 꼬리를 닮은 곧게 선 꼬리풀
전주물꼬리풀

꽃이 마치 동물의 꼬리처럼 보인다 해서 꼬리풀이며, 물가에서 자라기 때문에 물꼬리풀이다. 꼬리풀 종류의 다른 식물들은 보통 끝이 비스듬하게 기울지만 전주물꼬리풀은 끝이 곧게 서는 것이 특이하다.

키는 30~50cm이다. 줄기는 밑부분이 옆으로 뻗으며 땅속줄기가 발달하고, 곧게 자라며 마디에만 털이 있다. 잎은 길이 3~7cm, 너비 0.2~0.5cm의 가늘고 긴 선 모양이고 양 끝이 좁다. 줄기를 중심으로 4장씩 돌려나며 잎자루는 거의 없다. 잎의 뒷면 맥 위에는 잔털이 있으며 가장자리는 밋밋하다. 꽃은 8~10월에 연한 홍색으로 원줄기 끝에 달리는데, 꽃부리는 길이가 약 0.3cm이고 4갈래로 갈라진다. 수술은 4개인데, 그중 2개는 길게 밖으로 돌출되며 꽃자루에는 퍼진 털이 있다. 열매는 11월경에 흑갈색의 달걀 모양으로 달린다.

우리나라와 일본, 중국, 동남아시아, 인도, 오스트레일리아 등지에 분포하며 우리나라에서는 전라북도에서 난다. 꿀풀과에 속하는 여러해살이풀로 습지를 좋아하여 물이 얕게 고여 있는 곳, 햇볕이 많이 드는 곳에서 자란다. 관상용으로 재배되기도 한다.

학명 | *Dysophylla yatabeana* Makino

전주물꼬리풀

전라북도

함께 볼 수 있어요!

기생여뀌

곡정초

덩굴별꽃

전라북도

백령풀

곰소염전(부안)

전라북도

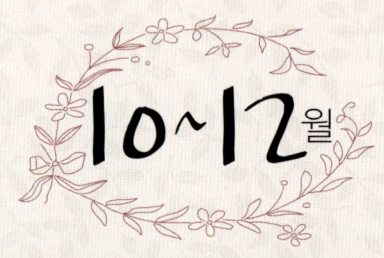

출사시기 및 장소

10월

구봉산 단풍 및 운해(풍경)	• 전라북도 진안군 주천면 운봉리 866 (시내산교회 등산로 이용 1시간 20분 정도)
적상산 단풍 및 운해(풍경)	• 전라북도 무주군 적상면 북창리 산119-8 적상산전망대
참새외풀, 돌바늘꽃	• 전라북도 익산시 여산면 호산리 71-10 여산송씨재실 뒷편 기슭 논가
처녀바디	• 전라북도 익산시 여산면 호산리 71-11 천호산길 제실 뒷편 산기슭
계화정 및 별 궤적(풍경)	• 전라북도 부안군 계화면 궁안리 692 간척지전망대
소나무(풍경)	• 전라북도 부안군 계화면 계화리 531 계화도 계화보건진료소
변산향유	• 전라북도 부안군 변산면 격포리 508-44
곰소염전(풍경)	• 전라북도 부안군 진서면 진서리 1219-19 곰소쉼터휴게소
바위솔, 쑥부쟁이	• 전라북도 군산시 옥도면 신시도리 산4-124 대각산 / 앞산
감국	• 전라북도 군산시 옥도면 신시도리 산17-1

11월

단풍(풍경)	• 전라북도 고창군 아산면 삼인리 562 선운사 도솔제
마이산 운해(풍경)	• 전라북도 진안군 부귀면 두남리 205-3 / 221-1
	• 전라북도 진안군 진안읍 운산리 산358-1 / 1841-2
	• 전라북도 진안군 진안읍 운산리 산149-5 부귀산 취수장 뒤
마이산 유해 및 소나무(풍경)	• 전라북도 진안군 정천면 월평리 1294 / 1286 / 1282-1 (목장 끝 삼거리 시멘트 포장도로로 고개 넘으면 내리막길 → 구불구불 내려가다가 좌측 커다란 오동나무 지나서 또 직진 → 다시 오동나무가 나오면 커브길에 주차 → 왔던 길 방향으로 50m쯤 올라가면 좌측에 하얀 밧줄 → 하얀 밧줄 쪽으로 약 15분 정도 올라간다.)

	자작나무	• 전라북도 진안군 진안읍 운산리 산292 (우측 묘지로 들어가는 약간 넓은 공간으로 약 70m)
	메타세쿼이아 가로수길(풍경)	• 전라북도 진안군 부귀면 세동리 모래재
	광한루와 완월정(풍경)	• 전라북도 남원시 천거동 75
	옥정호(풍경)	• 전라북도 임실군 운암면 입석리 731-2
	태극 모양 물돌이(풍경)	• 전라북도 임실군 운암면 학암리 산38 (능선에 우측으로 약15분 바위)
	은행나무	• 전라북도 전주시 완산구 교동 28-2 전주향교
	각종 야생화	• 전라북도 전주시 덕진구 용정동 503-28 한국도로공사수목원 주차장
	곰소염전(풍경)	• 전라북도 부안군 진서면 곰소리 1
	변산반도 솔섬(풍경)	• 전라북도 부안군 변산면 도청리 312 전북학생해양수련원
12월	붉은겨우살이	• 전라북도 정읍시 내장동 산228 내장산 원적암 주위의 참나무 숲 • 전라북도 무주군 적상면 북창리 산119-8 산성호수 매점
	겨우살이	• 전라북도 정읍시 내장동 내장사 (일주문을 지나자마자 왼쪽에 있는 모과나무)

 국화의 원조인 노란 들국화

감국

감국(甘菊)이란 단맛이 나는 국화라는 뜻이다. 국화, 들국화, 선감국이라고도 불리고 꽃이 노랗다고 해서 황국이라고도 불린다.

국화는 가을꽃의 대명사로 보통 노란색 꽃을 떠올리지만 흰색, 붉은색, 보라색 등 여러 빛깔의 국화가 개량되었다. 관상용으로 재배한 역사도 매우 오래되었는데 국화의 조상이 바로 감국이라는 설이 있다. 산국과 뇌향국화를 교접한 데서 발전했다고도 하고 감국과 산구절초를 교잡해서 국화가 나왔다는 설도 있다.

우리나라에서 자생하는 야생 국화로는 산국, 산구절초, 뇌향국화, 갯국화 등이 있는데 보통 이를 총칭해서 들국화라고 부른다. 국화과를 분류하는 기준 중 하나는 꽃의 지름으로 구분하여 대륜(大輪), 중륜(中輪), 소륜(小輪)으로 나누는 것인데 대륜은 지름이 18cm 이상, 중륜은 9~18cm, 소륜은 9cm 이하를 말한다. 이에 따르면 감국을 비롯한 들국화들은 대부분 소륜이다.

키는 30~80cm이며 풀 전체에 짧은 털이 나 있고, 검은색의 줄기는 가늘고 길다. 잎은 어긋나며 길이 3~5cm, 너비 2.5~4cm이다. 잎은 새의 날개처럼 깊게 갈라지고 끝에 톱니 모양이 나 있다. 꽃은 9~11월에 줄기와 가지 끝에 펼쳐지듯 뭉쳐 달리는데 지름 2.5cm 정도의 노란색이다. 열매는 11~12월에 맺는데 작은 씨앗들이 많이 들어 있다.

우리나라와 일본, 중국, 타이완 등지에 분포한다. 우리나라 전국에 걸쳐 산과 들의 양지 혹은 반그늘의 풀숲에서 자란다. 국화과에 속하는 여러해살이풀로 관상용으로 쓰이며, 꽃은 식용 및 약재로 사용한다. 향기가 좋아 꽃을 먹기도 하며, 10월에 꽃을 말려 차나 술에 넣어 먹거나 전을 부쳐서 먹기도 한다.

학명 | *Dendranthema indicum* (L.) Des Moul.

감국(신시도)

함께 볼 수 있어요!

무릇(변산반도)

바위솔(변산반도)

대둔산

전라북도

메타세쿼이아 가로수길(진안 모래재)

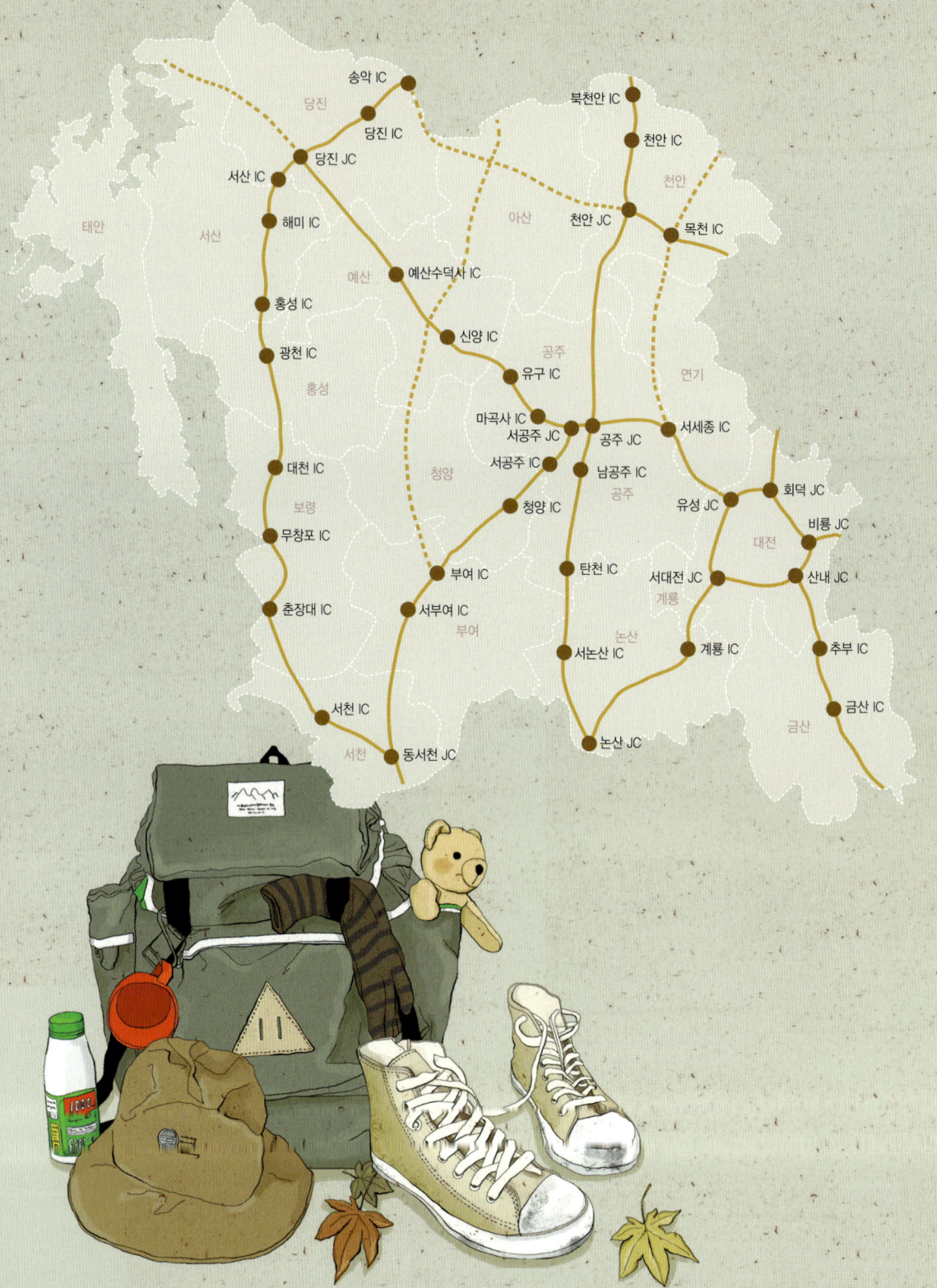

대전·충청남도에서 만난 야생화와 풍경

충청남도 태안반도에 숨어 있는 작은 해변 먼동! 그곳은 쉽게 곁을 내주지 않으려는 듯 찾아가는 길이 녹록지 않다. 원래는 해녀마을 해수욕장으로 불렸지만 〈먼동〉이라는 드라마를 촬영하고부터 먼동해변으로 불린다. 앞바다에 보이는 고깔섬과 거북바위 그리고 소나무를 배경으로 한 일몰은 꽃지해수욕장의 그것만큼 장관을 이룬다. 이곳 해안가에서 만난 연보라색·흰색 해국과 노란색 금방망이 그리고 사데풀이 한껏 풍치를 더한다.

출사시기 및장소

2월

일몰(풍경)	• 충청남도 태안군 고남면 장곡리 산20-1 운여해변
	• 충청남도 태안군 안면읍 승언리 산29-100 꽃지해수욕장
모래그림(풍경)	• 충청남도 태안군 소원면 모항리 1325-8 만리포해수욕장
납매	• 충청남도 태안군 소원면 의항리 875 천리포수목원
버퉁개 소코뚜레바위(풍경)	• 충청남도 태안군 이원면 당산리 300-32
일몰 및 모래그림(풍경)	• 충청남도 태안군 원북면 황촌리 906-2 먼동해변
변산바람꽃	• 충청남도 금산군 복수면 백암리 229-2
	• 충청남도 예산군 덕산면 상가리 77-1 상가저수지 위쪽 계곡

3월 초

너도바람꽃	• 충청남도 금산군 남이면 건천리 84
노루귀(홍색)	• 충청남도 논산시 연산면 신양리 14-2 한민대학교 힐선교관
일출(풍경)	• 충청남도 당진시 석문면 교로리 141-10 왜목마을
	• 충청남도 서산시 대산읍 화곡리 1-36 산 정상 돌탑

3월 중

변산바람꽃	• 충청남도 보령시 주포면 보령리 산15-17 배재산 등산로
홍매화	• 충청남도 아산시 염치읍 백암리 298-1 현충사

3월 말

만주바람꽃, 현호색, 피나물	• 충청남도 금산군 복수면 백암리 229-1
노루귀	• 충청남도 금산군 금산읍 양지리 산89-2 보티소류지
	• 충청남도 금산군 진산면 행정리 514-5 태고사 입구
깽깽이풀, 노루귀, 얼레지	• 충청남도 금산군 남이면 건천리 86 백암산
할미꽃	• 충청남도 금산군 진산면 삼가리 400 청정다람쥐마을
수선화	• 충청남도 서산시 운산면 여미리 203-1 서산유기방가옥

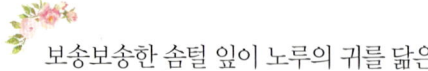 보송보송한 솜털 잎이 노루의 귀를 닮은

노루귀

잎이 두꺼우며 털이 많아 그 모습이 마치 솜털이 보송보송한 노루의 귀를 닮았다고 하여 붙여진 이름이다. **뾰족노루귀**라고도 부르며, 눈과 얼음을 뚫고 나온다고 해서 **파설초**, **설화포**라고도 한다. 이 외에 '눈 속의 사슴'이라는 별명도 가지고 있다.

키는 9~14cm이며, 전체적으로 희고 긴 털이 많이 난다. 뿌리는 옆으로 자라며 마디에서 잔뿌리가 나온다. 잎은 달걀 모양으로 길이가 약 5cm이며, 잎몸은 세 갈래로 갈라진다. 꽃은 뿌리에서 나온 1~6개의 꽃줄기 끝에서 위를 향해 피는데, 3~5월에 흰색, 분홍색, 보라색 등 여러 가지 색으로 핀다. 꽃 밑에는 잎처럼 생긴 3장의 포가 있다. 꽃이 핀 후에 잎이 나오는 것이 특징이다. 열매는 여원열매로 6월에 달린다.

미나리아재비과에 속하는 여러해살이풀로 우리나라 전국 산지의 비옥한 토양에서 자라는 양지식물이다. 관상용으로 이용되며, 전초는 장이세신이라 하여 약재로 사용되고, 어린순은 나물로 먹기도 한다.

학명 | *Hepatica asiatica* Nakai

노루귀(금산)

함께 볼 수 있어요!

구슬이끼(금산)

수선화

깽깽이풀(금산)

현호색(금산)

운여해변 일몰(안면도)

대전·충청남도

4월

출사시기 및 장소

4월 초

노랑할미꽃, 할미꽃	• 충청남도 논산시 부적면 신풍리 17-3
진달래	• 대전광역시 동구 직동 568-1 찬샘마을
보춘화, 새끼노루귀, 각시족도리풀	• 충청남도 태안군 안면읍 창기리 452 안면도
보춘화	• 충청남도 태안군 안면읍 승언리 289-16
길마가지나무, 산자고, 천남성	• 충청남도 서산시 부석면 취평리 160 부석사
깽깽이풀	• 충청남도 서산시 갈산동 624-3
	• 충청남도 서산시 성연면 고남리 654-1
벚나무, 세열유럽쥐손이	• 충청남도 서산시 운산면 용현리 307 용유지
눈개불알풀	• 충청남도 서산시 석림주공아파트 213동
매화마름	• 충청남도 태안군 원북면 방갈리 573-5 학암포교회 건너편
애기참반디	• 충청남도 서산시 성연면 고남리 산57-1
솔붓꽃	• 충청남도 서산시 고북면 용암리 산13-4
금오족도리풀	• 충청남도 서산시 해미면 대곡리 940-3

4월 중

매화마름	• 충청남도 태안군 이원면 관리 1032-8 • 충청남도 태안군 원북면 방갈리 573-5
애기참반디	• 충청남도 서산시 성연면 고남리 산57-1
눈개불알풀	• 충청남도 서산시 석림동 463-1 석림주공아파트
솔붓꽃	• 충청남도 서산시 해미면 휴암리 228-6
금오족도리풀	• 충청남도 서산시 해미면 대곡리 940-3
흰각시붓꽃	• 충청남도 서산시 대산읍 대로리 504-1 대산공동묘지
해당화, 반디지치, 갯메꽃	• 충청남도 태안군 안면읍 승언리 1913-1 밧개해수욕장

4월 말

매화마름	• 충청남도 태안군 원북면 방갈리 458-19
새우난초	• 충청남도 태안군 안면읍 중장리 152-8 • 충청남도 태안군 안면읍 창기리 209-175

 족두리를 닮은 꽃
금오족도리풀

족두리는 옛날 여인들이 머리에 쓰던 장식품으로, 보통 위쪽은 각이 지고 아래는 둥근 형태이다. 이 족두리를 닮은 꽃을 피워서 족도리풀이라고 부른다. 족도리풀은 종류가 많은데 경상북도 금오산 근처에서 최초로 발견되어 금오족도리풀이란 이름이 붙었다.

키는 15~20cm이고, 잎은 길이 8~12cm, 너비 8~10cm의 심장 모양이며 양면에 털이 있는데 뒷면에 특히 더 많다. 다른 족도리풀들에 비하여 잎이 크고 잎맥이 뚜렷하다. 잎자루는 길이 13~17cm이고 안쪽에 약간의 털이 있다. 꽃은 황녹색이어서 적색 꽃을 피우는 족도리풀과 구별된다. 꽃받침은 길이 1.1~1.3cm, 지름 1.1~1.2cm의 컵 모양이며 녹색을 띤 자주색인 점이 특징이다. 꽃받침조각은 3갈래이고 길이 1~1.5cm의 삼각상 타원형이다. 평평하거나 위로 솟아 끝이 약간 뒤로 굽어지며, 갈래의 밑동은 진한 자주색이다. 암술은 6개이고 암술머리 돌기는 2개로 갈라지며, 수술은 12개인데 2줄로 일정한 간격을 유지하고 있다.

충청도, 전라도, 경상도 등 중부 이남에 분포한다. 산지 반그늘신 곳의 습도가 많고 토양이 비옥하며 물빠짐이 좋은 곳에서 자란다.

학명 | *Asarum patens* (K.Yamaki) B.U.Oh

금오족도리풀
(해미터널)

대전·충청남도

금오족도리풀(해미터널)

함께 볼 수 있어요!

산자고(서산 부석사)

애기참반디(서산 성연면)

깽깽이풀(서산 성연면)

솜나물(서산 성연면)

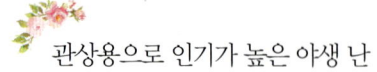

관상용으로 인기가 높은 야생 난

새우난초

새우난이라고도 하는데, 새우를 닮은 부분은 다름 아닌 뿌리줄기의 마디이다. 땅속에서 옆으로 이어지는 모양이 새우의 등과 비슷하게 생겼다. 꽃이 아름답고 잎도 깔끔해 관상용으로 인기가 좋다. 특히 향기가 은은하고 멀리 가는 난초로 알려져 있다. 이런 인기 때문일까? 2010년 4월에는 제주도에서 대한민국 새우난초 축제가 열리기도 했다.

키는 30~50cm 정도이다. 뿌리 부분은 포복성으로 마디가 많고 수염뿌리를 이룬다. 잎은 길이 15~25cm, 너비 4~6cm이다. 잎의 밑과 끝은 날카로우며 세로로 주름져 겹쳐져 있는 것이 특징이다. 두해살이풀로, 첫해에는 2~3개의 잎이 자라지만 이듬해에는 옆으로 늘어진다. 잎 사이에서 꽃대가 나타나고 짧은 털이 있으며 1~2개의 비늘 같은 잎이 달린다. 꽃은 4~5월에 피는데, 꽃받침과 곁꽃잎이 붉은색이 도는 갈색이다. 입술꽃잎은 자줏빛을 띤 흰색으로 10여 송이의 꽃이 15cm 정도의 꽃줄기에 걸쳐 윗부분에 뭉쳐 달린다. 열매는 7~8월경에 긴 타원형으로 달리고 안에는 작은 씨앗들이 많이 들어 있다.

2010년 봄에는 흑산도에서 특이한 새우난초가 발견되었는데, 한국 미기록종으로서 신안새우난초라는 이름을 얻었다. 이 야생 난은 촉당 수천만 원을 호가할 정도로 귀한 종류로, 1984년 흑산도에서 자생하는 것만 알려졌을 뿐 자생지 확인과 증거 표본 조사가 이뤄지지 않고 있었다. 신안새우난초는 상록성 여러해살이풀로, 잎은 2~3개가 나와 완전히 자란 후 2~3년 동안 유지되고, 꽃은 5월에 연한 홍색으로 핀다.

새우난초는 이 밖에도 여름새우난초와 금새우난초 등이 있다. 본래 야생종은 몇 종 안 되지만 교배와 변이를 할 수 있어 현재 세계적으로 재배종은 1,300종류나 된다.

난초과에 속하는 여러해살이풀로, 날씨가 따뜻한 반그늘에서 자란다. 난초과 식물 중 가장 넓게 퍼져 있어서 아시아 열대 지방과 온대 지방에 주로 분포하고, 아프리카 남부 마다가스카르와 아메리카 열대 지방에서도 자라고 있다. 우리나라에서는 남도 지방에서 자란다.

학명 | *Calanthe discolor* Lindl.

새우난초(안면도)

함께 볼 수 있어요!

옥녀꽃대(서산 대산읍)

솔붓꽃(해미)

각시붓꽃(서산 대산읍)

흰각시붓꽃(서산 대산읍)

용유지(서산)

대전·충청남도

5월

출사시기 및 장소

5월 초

붉은조개나물	• 충청남도 보령시 오천면 녹도
작약	• 대전광역시 동구 신촌동 362-7 대청호 수변
자운영	• 대전광역시 동구 신상동 325-1 신상교 우측 대청호 수변
타래붓꽃(흰색)	• 충청남도 태안군 근흥면 마금리 1283-3
쇠채아재비	• 대전광역시 대덕구 오정동 390-3
창포	• 충청남도 아산시 방축동 665-5 신정호

5월 중

반디지치	• 충청남도 태안군 원북면 방갈리 531
금난초	• 충청남도 태안군 안면읍 승언리 56-7 • 충청남도 태안군 안면읍 승언리 54-10
은대난초	• 충청남도 홍성군 서부면 남당리 362-1
뻐꾹채	• 충청남도 서산시 지곡면 대요리 산138

5월 말

남개연	• 충청남도 논산시 벌곡면 양산리 246-3
꽃양귀비	• 충청남도 공주시 신관동 439-2 금강신관공원
정금나무	• 충청남도 태안군 안면읍 창기리 43-17 / 61-134 황도교 주변 바닷가

꽃은 반디, 뿌리는 지치를 닮은

반디지치

우리 들꽃 중에는 외국에서 들어온 식물이 아닐까 싶은 것들이 꽤 있다. 반디지치도 그중 하나로 반디지치라는 이름은 일본명을 우리말로 번역한 것이다. 반디는 반딧불이를 뜻하고, 지치는 이 식물처럼 자주색 뿌리를 가진 식물의 이름이다. 다른 이름으로 **자목초**, **마비**, **반디개지치**, **센털개지치**, **깔깔이풀**이라고도 한다.

키는 15~25cm 정도이고, 원줄기에 퍼진 털이 있으며 다른 부분에는 비스듬히 선 털이 있다. 잎은 마주나고 긴 타원형이며 길이 2.5~6cm, 너비 1~2cm이다. 양면에 거센 털이 나 있어 껄끄럽다. 5~6월에 꽃이 핀 후 옆으로 뻗는 가지가 자라서 뿌리가 내리고 다음 해에 싹이 돋는다. 꽃은 길이 0.5~0.6cm 정도로 벽자색이며 줄기 윗부분의 잎겨드랑이에서 1송이씩 달리고, 꽃잎 중앙부에는 꽃잎보다 높게 돌출된 흰색 선이 있다. 열매는 흰색으로 지름 약 0.3cm가량이며 7~8월경에 달린다.

지치과에 속하는 여러해살이풀로 우리나라 제주도와 영호남 지역에서 자란다. 산이나 들, 건조한 풀밭 혹은 모래땅에서 자란다. 햇볕이 잘 드는 곳이나 반음지를 좋아하며 특히 토양이 비옥하거나 모래 혹은 황토가 많은 땅에 많다.

한편 지치는 뿌리가 굵고 자주색인 것이 특징인데, 서양에서는 보리지라고 한다. 고대 그리스와 로마시대부터 술 등에 넣어 마시면 기분이 좋아진다고 해서 쾌활초라고도 한다. 오늘날에는 꽃과 잎이 **허브차**로 이용되며 **요리용 오일**로도 사용된다. 또 약재로도 쓰이는데, 약재로 쓰일 때는 지선도라고 한다. 우리나라와 일본, 타이완 등지에 분포한다.

학명 | *Lithospermum zollingeri* A. DC.

반디지치(학암포)

함께 볼 수 있어요!

금난초(안면도)

말즘(태안 학암포)

돌배나무(안면도)

떡잎골무꽃(안면도)

출사시기 및 장소

6월 초

비비추난초, 호자덩굴	• 충청남도 태안군 안면읍 중장리 152-8 안면도
흑삼릉	• 충청남도 태안군 안면읍 승언리 2489 안면도
매화노루발	• 충청남도 태안군 안면읍 창기리 567-3 안면도
꽃창포(흰색)	• 대전광역시 중구 안영동 468

6월 중

큰방울새란	• 충청남도 태안군 원북면 방갈리 산34-1 학암포
방울새란	• 충청남도 태안군 원북면 황촌리 산34-1 • 충청남도 태안군 원북면 황촌리 산18-2
매화노루발	• 충청남도 태안군 소원면 의항리 산184-112
호자덩굴	• 충청남도 태안군 안면읍 중장리 152-8 안면도
매화노루발	• 충청남도 태안군 안면읍 창기리 567-1 안면도
병아리난초	• 대전광역시 유성구 덕명동 219 • 충청남도 공주시 반포면 마암리 529-2 청벽가든 • 충청남도 예산군 덕산면 사천리 1-2
나도잠자리란	• 대전광역시 유성구 성북동 673 성북동산림욕장

6월 말

노랑개아마	• 대전광역시 대덕구 비래동 337-2 비래초등학교
병아리난초	• 충청남도 태안군 소원면 의항리 산184-112
	• 충청남도 금산군 부리면 어재리 178-1
옥잠난초, 나리난초	• 충청남도 태안군 소원면 의항리 805-1
사철란, 여로	• 충청남도 태안군 소원면 신덕리 1260
섬백리향	• 충청남도 태안군 근흥면 신진도리 20-3
일몰(풍경)	• 충청남도 태안군 근흥면 정죽리 856-5 갈음이해수욕장
지모	• 충청남도 천안시 동남구 동면 덕성리 419-1 천안시 동산식물원
좁은잎사위질빵	• 충청남도 서산시 팔봉면 호리 산114
청닭의난초	• 충청남도 금산군 부리면 어재리 산36-1

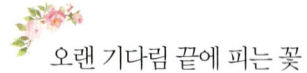
오랜 기다림 끝에 피는 꽃
매화노루발

   이름에 노루라는 말이 들어가는 들꽃은 노루귀, 노루발, 노루삼, 노루오줌 등등 여러 가지가 있다. 그중에서도 이 품종은 매화처럼 아름다운 꽃을 가졌다고 하여 매화노루발이라 부르며 **풀차**라고도 한다. 속명은 키마필라(Chimaphila)인데 그리스어로 '겨울(cheima)'과 '좋아한다(philein)'는 말의 합성어이다. 한자명도 겨울을 반기는 풀이란 뜻의 **희동초(喜冬草)**이다. 겨울에도 늘 푸른 상록성이기 때문에 붙은 이름일 것이다.

   꽃망울은 일찍 맺지만 한 달 정도 견디다가 5~6월에 이르러서야 비로소 꽃을 피우는 것이 큰 특징이다. 오랜 기다림 끝에 꽃이 피어서 그럴까? 꽃을 보면 매우 고고하게 보이기도 한다.

학명 | *Chimaphila japonica* Miq.

    키는 5~10cm이고, 특이하게도 두꺼운 각질을 가지고 있어서 마치 작은 나무처럼 강인해 보이기도 한다. 잎은 어긋나며 넓은 피침형에 가죽질이고, 가장자리에 날카롭고 얕은 톱니가 있다. 꽃은 원줄기 끝에서 자라는 꽃자루에 1~2송이가 마치 작은 종처럼 아래를 향해 달린다. 꽃의 색은 흰색이고 크기는 지름 1cm 정도이다. 열매는 꽃이 진 뒤 8~9월에 달리는데, 지름이 0.5cm 정도로 작으며 암술머리가 붙어 있다.

    노루발과에 속하는 상록 여러해살이풀로 주로 관상용으로 쓰인다. 우리나라와 일본, 타이완, 중국, 사할린 섬 등지에 분포한다. 우리나라 각처에서 자라는데, 특히 바닷가의 숲속 반그늘의 토양이 비옥한 곳에서 잘 자란다.

매화노루발

매화노루발(안면도)

함께 볼 수 있어요!

비비추난초(안면도)  산제비란(안면도)

사철란(태안 소원면) 　　　　　흑삼릉(안면도)

호자덩굴(안면도)

갯메꽃(구례포)

병아리처럼 앙증맞은 야생 난
병아리난초

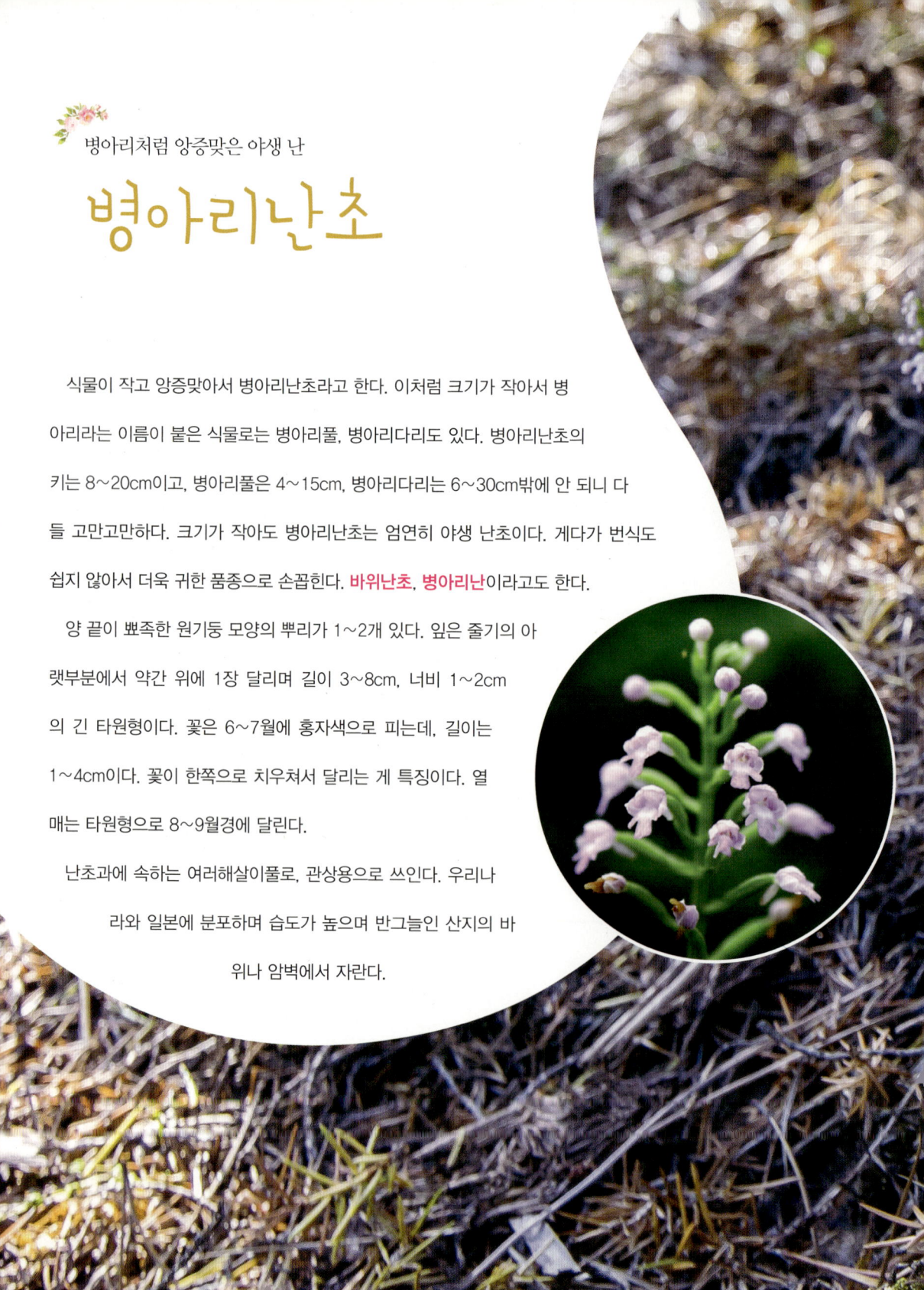

식물이 작고 앙증맞아서 병아리난초라고 한다. 이처럼 크기가 작아서 병아리라는 이름이 붙은 식물로는 병아리풀, 병아리다리도 있다. 병아리난초의 키는 8~20cm이고, 병아리풀은 4~15cm, 병아리다리는 6~30cm밖에 안 되니 다들 고만고만하다. 크기가 작아도 병아리난초는 엄연히 야생 난초이다. 게다가 번식도 쉽지 않아서 더욱 귀한 품종으로 손꼽힌다. **바위난초**, **병아리난**이라고도 한다.

양 끝이 뾰족한 원기둥 모양의 뿌리가 1~2개 있다. 잎은 줄기의 아랫부분에서 약간 위에 1장 달리며 길이 3~8cm, 너비 1~2cm의 긴 타원형이다. 꽃은 6~7월에 홍자색으로 피는데, 길이는 1~4cm이다. 꽃이 한쪽으로 치우쳐서 달리는 게 특징이다. 열매는 타원형으로 8~9월경에 달린다.

난초과에 속하는 여러해살이풀로, 관상용으로 쓰인다. 우리나라와 일본에 분포하며 습도가 높으며 반그늘인 산지의 바위나 암벽에서 자란다.

학명 | *Amitostigma gracilis* (Blume) Schltr.

병아리난초(수덕사)

🔍 **함께 볼 수 있어요!**

나도잠자리란(대전 성북동)  방울새란(구례포)

바위채송화(대전)

좁은잎사위질빵(서산 팔봉면)

월

> 출사시기 및 장소

7월 초

망태말뚝버섯	• 충청남도 서산시 성연면 고남리 609-1
개정향풀	• 충청남도 태안군 원북면 방갈리 533-19 구례포해변
닭의난초	• 충청남도 태안군 원북면 황촌리 810-7
	• 충청남도 태안군 태안읍 남문리 산3-10
참나리	• 충청남도 태안군 근흥면 정죽리 856-5 갈음이해수욕장

7월 중

대흥란	• 충청남도 금산군 복수면 백암리 16
좁은잎배풍등	• 충청남도 금산군 진산면 행정리 512-1 태고사 주차장
노랑어리연꽃	• 충청남도 논산시 가야곡면 병암리 570-6
노랑어리연꽃, 어리연꽃	• 충청남도 논산시 가야곡면 병암리 240-1
어리연꽃	• 충청남도 논산시 양촌면 신흥리 276-7
	• 충청남도 논산시 가야곡면 종연리 229-1 논산천 가림막
	• 충청남도 논산시 부적면 충곡리 287-8 탑정호수변생태공원 전망대 앞
윤증선생고택(풍경)	• 충청남도 논산시 노성면 교촌리 306
백운란	• 충청남도 예산군 덕산면 대치리 산33-22
왕과(암꽃)	• 충청남도 태안군 이원면 내리 495 경기대학교수련원 (정문 좌측 철조망)
띵니디	• 충성남노 태안군 소원면 파도리 543-436

먹년출	• 충청남도 태안군 안면읍 중장리 산5-138
칡(흰색), 절국대	• 충청남도 금산군 군북면 산안리 754-1 임도로 진입 삼거리 좌회전 약 400m 직진하다 시야가 트이는 곳
망태말뚝버섯	• 충청남도 논산시 노성면 장구리 52 윤황선생고택 대나무 • 충청남도 공주시 계룡면 중장리 52 갑사 (대적전과 전통찻집을 지나 삼불봉 방향)
어리연꽃, 마름	• 충청남도 금산군 부리면 선원리 882-1 가덕저수지

안면도에서만 자라는 희귀식물

먹넌출

먹넌출이라는 이름은 검은 빛이 도는 녹자색 가지 때문에 생겨난 이름으로 알려져 있으며, **왕공버들**이라고도 불린다.

덩굴줄기 길이는 10m 이상이고, 줄기가 땅 위를 기거나 다른 나무를 감아 올라가며 옆으로 비스듬히 엉킨다. 가지는 검은 녹자색이 돌며 털이 없다. 잎은 어긋나기하고 달걀 모양 또는 긴 달걀 모양이며 길이 8~13cm, 너비 4.5~7cm이다. 표면은 짙은 녹색이고 뒷면은 흰빛이 돌며 맥 위에 갈색 털이 있다. 잎끝이 다소 뾰족하며 가장자리가 밋밋하고, 밑부분이 둥글며 윤이 난다. 잎자루는 길이 1~2cm이다. 꽃은 가지 끝에 백록색 꽃이 원추꽃차례로 달린다. 꽃받침조각은 5개이며 좁은 삼각형이고 꽃잎도 5개이며 작다. 수술은 5개로 꽃잎보다 길며 암술대는 1개이다. 열매는 타원형이고 녹색 바탕에 붉은빛이 돌며 가을에 검은색으로 익는다. 열매에는 단단한 핵으로 싸여 있는 씨가 들어 있다.

내한성이 강하여 중부 내륙 지방에서도 월동이 가능하며 양지나 음지 모두에서 잘 자란다. 그러나 건조에는 약하여 비옥하고 적당한 습도가 있는 곳에서 무성하게 자란다. 특히 대기오염에 대한 저항성이 강하다. 소나무 숲에서 자라는 낙엽활엽 덩굴성 식물이다. 안면도 지역에서만 자라는 희귀종으로 천연기념물로 보호하고 있다

학명 | *Berchemia racemosa* var. *magna* Makino

먹년출(안면도)

먹넌출(안면도)

 함께 볼 수 있어요!

노랑개아마(대전)

노랑어리연꽃(논산)

좁은잎배풍등(금산 태고사)

백운란(서산 해미 가야산)

출사시기 및 장소

8월 초		
	홍도까치수염	• 충청남도 금산군 군북면 외부리 2-15 (낙석방지 철조망 있는 곳)
	불암초, 여우구슬, 여우주머니	• 충청남도 청양군 대치면 장곡리 산39
8월 중		
	사철란	• 대전광역시 동구 세천동 304-6 식장산가든 • 대전광역시 동구 판암동 54-1 개심사
	황금어리연꽃	• 대전광역시 동구 주산동 159-4 대청호 연꽃마을
	노랑망태말뚝버섯, 사철란	• 대전광역시 유성구 갑동 242-4 국립대전현충원
	노랑망태말뚝버섯	• 대전광역시 유성구 성북동 684-3 성북동산림욕장 • 충청남도 논산시 상월면 상도리 산64-3 (용화사 → 마애불로 가는 길)
	뻐꾹나리(흰색)	• 충청남도 천안시 동남구 북면 납안리 산46-5 (성거산 성지 제2주차장 → 3번 위쪽 화장실 아래길 화단)
8월 말		
	가시연꽃	• 충청남도 홍성군 홍성읍 고암리 353-1 역제저수지
	구상난풀	• 충청남도 천안시 동남구 광덕면 보산원리 593-2
	개아마	• 충청남도 천안시 서북구 성거읍 천흥리 산55-12
	노랑개아마	• 대전광역시 대덕구 비래동 306-2

9월 말

꽃여뀌(암꽃)	• 충청남도 서산시 수석동 688-5 황금산
꽃여뀌(수꽃)	• 충청남도 서산시 수색동 인지면 둔당리 159-3 / 둔당리 159-7
해국	• 충청남도 서산시 대산읍 독곶리 569-78 황금산
풍경 및 일몰	• 충청남도 서산시 대산읍 화곡리 1-36 산정상 돌탑
나도생강	• 충청남도 보령시 오천면 외연도리 외연도
해국	• 충청남도 태안군 원북면 방갈리 531-3 학암포 • 충청남도 태안군 원북면 황촌리 906-2 먼동해수욕장 • 충청남도 태안군 소원면 모항리 1007 / 1042-1 • 충청남도 태안군 소원면 파도리 887-1 / 산165 / 산159 / 1321
개쓴풀	• 충청남도 당진시 정미면 수당리 687-2 안국사지 (삼거리에서 우회전 바리케이드 앞 주차 후 약 50m 직진 좌측에 흔적이 보임) • 충청남도 서산시 해미면 황락리 13-2 황락저수지 (산17-8번지에서 약 50m 직진 지점 좌측 바위틈)

옹기종기 모여 있는 갈매기를 닮은 꽃
사철란

사계절 내내 잎이 푸르러서 사철란이라는 이름이 붙었으며, **알룩난초**라고도 불린다. 우리나라에 자생하는 사철란의 종류는 현재까지 사철란, 섬사철란, 털사철란, 애기사철란, 붉은사철란, 한국사철란(로제트사철란)이 알려져 있다. 각각의 종류를 구분하기 위해서는 잎을 살펴보는 것이 좋다. 그 이유는 꽃이 없을 때에도 잎을 보고 찾을 수 있기 때문이다.

키는 12~25cm이다. 잎은 어긋나고 길이 2~4cm, 너비 1~2.5cm의 좁은 달걀 모양이다. 잎 한가운데 있는 가장 굵은 잎맥과 그물처럼 얽혀 있는 잎맥에 흰색 무늬가 있다. 줄기는 윗부분에서는 비스듬히 위로 향해 자라고 밑부분의 줄기는 땅 위로 기면서 마디마다 2~3개의 뿌리줄기가 내린다. 꽃은 1개의 긴 꽃대 둘레에 여러 개의 꽃이 이삭 모양으로 7~15개 정도 달린다. 꽃은 흰색 바탕에 붉은빛이 돌며 한쪽으로 치우친다. 꽃받침은 길이가 0.8~1cm이고, 입술모양꽃부리도 길이가 비슷한데 밑부분은 약간 부풀며 안쪽에 털이 있다. 열매는 9~10월에 길이 약 1cm로 달린다.

상록성 여러해살이풀로 관엽, 관화식물이다. 지금까지 제주도와 울릉도 및 전라남도 해안 도서 등을 중심으로 자라는 것으로 보고되었지만, 최근에는 지리산 일원에서도 대규모 군락지가 발견되고 있다. 주변 습도가 높고 밝그늘이 지며 물 빠짐이 좋고 부엽토가 풍부한 곳에서 자란다.

학명 | *Goodyera schlechtendaliana* Rchb. f.

사철란(대전 개심사)

함께 볼 수 있어요!

무릇(대전)

까치개(흰색, 대전 동구)

노랑망태말뚝버섯(대전 성북동산림욕장)

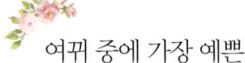
여뀌 중에 가장 예쁜
꽃여뀌

여뀌는 종류가 무척 많은 식물이다. 개여뀌, 바보여뀌, 기생여뀌, 가시여뀌, 이삭여뀌, 장대여뀌 등 여러 가지다. 그중에서도 눈에 띄게 예쁜 꽃을 피우는 것이 바로 꽃여뀌로, 다른 여뀌들보다 꽃송이도 다소 크다.

키는 50~70cm이다. 원줄기는 가지가 적고 곧게 선 원기둥 모양인데, 단단하면서 마디가 뚜렷하다. 잎은 어긋나기하고 양 끝이 좁고 뾰족하며 길이 7~12cm, 너비 1~2cm이다. 표면 가장자리와 뒷면 맥 위에 굳은 털이 있다. 잎자루는 짧으며 잎자루 밑에 붙은 한 쌍의 잔잎은 원통형이다. 뿌리줄기는 옆으로 길게 뻗는다. 꽃은 암수딴그루로 연한 홍색이다. 줄기 끝이나 잎겨드랑이에 많은 꽃이 달리는데 한 개의 긴 꽃대 둘레에 여러 개의 꽃이 수상꽃차례를 이룬다. 꽃받침은 깊게 5개로 갈라지며 길이 0.4~0.6cm이다. 열매는 세모진 달걀 모양이며, 씨방은 달걀 모양 원형이고 암술대 3개가 남아 있다.

전국 각처의 저지대 산지에서 나며 비교적 습기가 많고 부엽토가 풍부한 곳에서 자란다.

학명 | *Persicaria conspicua* (Nakai) Nakai ex Mori

대전·충청남도

꽃여뀌

암꽃

수꽃

꽃여뀌

 함께 볼 수 있어요!

큰꿩의비름(가야산)

등골나물(가야산)

애기골무꽃(태안)

싱아(가야산)

바닷가에서 자라는 국화

해국

바닷가에서 자라는 국화여서 해국(海菊)이라고 한다. 해국의 특징은 늦게까지 꽃을 피운다는 점이다. 다른 식물들이 모두 시들시들해지는 11월 초에도 탐스러운 꽃을 피운다. 특히 울릉도의 해변 암벽에서 자라는 해국은 유명하다. 흙도 없고 물도 부족한 바위에 붙어서도 아름다운 꽃을 피우니 기적의 꽃이라고 부르고 싶을 정도이다. 다른 이름으로는 **왕해국**, **흰해국**, **해변국**이라고도 한다. 꽃말은 '기다림', '조춘'이다.

키는 30~60cm이며, 줄기는 목질화하고 가지가 많으며 비스듬히 자란다. 잎은 어긋나는데 위에서 보면 뭉치듯 전개되고 풍성하게 많아서 잎과 잎의 간격이 거의 없다. 잎의 양면에 융모가 많으며 끈적거리는 감이 있어서 여름철에 애벌레가 많이 모인다. 겨울에도 윗부분의 잎은 고사하지 않고 남아 있는 반상록 상태를 유지한다. 꽃은 7~11월 초에 연한 자주색으로 가지 끝에 하나씩 달리고, 꽃의 지름은 3.5~4cm이다. 열매는 11월에 익으며 갈색의 갓털이 있다.

국화과에 속하는 반목본성 여러해살이풀로 햇볕이 잘 드는 암벽이나 경사진 곳에서 자라며, 관상용으로 쓰인다. 우리나라와 일본에 분포하며, 우리나라에서는 중부 이남의 해변에서 자란다. 한편 바닷가 벼랑에서 자라는 국화로는 갯국화도 있는데, 해국과는 다르게 키가 30cm 정도로 작고 꽃이 노란색이어서 구별하기 쉽다.

학명 | *Aster sphathulifolius* Maxim.

해국(학엽표)

해국(태안 먼동해변)

해국(구례포)

해국(학암포)

함께 볼 수 있어요!

당잔대(구례포)  그늘돌쩌귀(구례포)

금방망이(태안 먼동해변)  사데풀(태안 먼동해변)

출사시기 및 장소

10월 중

물매화	• 충청남도 천안시 서북구 성거읍 천흥리 산55-7
여우구슬, 가는마디꽃	• 충청남도 금산군 복수면 신대리 9 인삼밭 뒷편 논
꽃여뀌	• 충청남도 서산시 해미면 반양리 해미초등학교 옆
구와말	• 충청남도 서산시 음암면 도당리 568-31
꽃향유	• 대전광역시 동구 추동 산32-1 • 대전광역시 대덕구 비래동 1-14
좀딱취, 호자덩굴	• 충청남도 태안군 안면읍 중장리 152-8 안면도
바위솔	• 충청남도 태안군 안면읍 창기리 1304-3 삼봉해수욕장
서해안 일출(풍경)	• 충청남도 태안군 근흥면 신진도리 20-3
성흥산성(풍경)	• 충청남도 부여군 장암면 지토리 산144-1

10월 말

대청호 물안개(풍경)	• 대전광역시 동구 마산동 262 / 산38-6 • 대전광역시 동구 추동 228-1 • 대전광역시 동구 추동 278-8
대둔산 운해와 단풍(풍경)	• 충청남도 금산군 진산면 행정리 512-1 대둔산 태고사

11월 초

대청호 일출(풍경)	• 대전광역시 대덕구 삼정동 268-1
버드나무 반영(풍경)	• 대전광역시 대덕구 미호동 288-1 금강로하스대청공원 호반의집
대청댐 야경(풍경)	• 대전광역시 대덕구 미호동 1-10 대청댐휴게소
현충사 은행나무 길(풍경)	• 충청남도 아산시 염치읍 석정리 38-13
공세리성당(풍경)	• 충청남도 아산시 인주면 공세리 194
좀딱취	• 충청남도 태안군 안면읍 중장리 152-8 안면도
성흥산성(풍경)	• 충청남도 부여군 장암면 지토리 산144-1
궁남지(풍경)	• 충청남도 부여군 부여읍 동남리 115-1
꽃지해수욕장 일몰(풍경)	• 충청남도 태안군 안면읍 승언리 산29-100
황금산 단풍(풍경)	• 충청남도 서산시 대산읍 독곶리 569-68

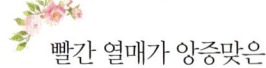
빨간 열매가 앙증맞은
호자덩굴

　호자(虎刺)라는 말은 호랑이를 찌른다는 뜻으로, 이 식물이 그만큼 날카로운 가시를 가지고 있음을 비유한 이름이다. 이 이름은 호자나무에서 유래한 것인데, 잎과 빨간 열매가 비슷한 특징을 갖지만 호자덩굴은 덩굴성 풀이어서 호자나무와는 다르다. **덩굴호자나무**라고도 한다.

　키는 3~7cm이다. 잎은 마주나고 길이 1~1.5cm, 너비 0.7~1.2cm의 달걀 모양이며 두껍고 짙은 녹색이다. 잎의 밑부분은 둥글고 가장자리가 물결 모양이며 끝이 뾰족하다. 줄기는 땅에 기며 가지가 갈라지고 마디에서 뿌리가 나온다. 꽃은 6~8월에 가지 끝에 2개씩 달리는데, 흰색 바탕에 연한 붉은빛이 돈다. 꽃부리 길이는 약 1.5cm, 너비는 약 0.8cm로 2개가 나란히 위를 향해 줄기 끝에 달린다. 꽃부리의 끝은 4갈래로 갈라지며 안쪽에 털이 있다. 열매는 9~10월에 빨간색으로 달리며, 지름 약 0.8cm의 둥근 모양이다.

　꼭두서니과의 상록성 여러해살이풀로, 우리나라 남부 도서 지방과 울릉도 및 제주도의 숲속에서 자라며 일본에도 분포한다. 반그늘 혹은 음지의 습도가 높고 부엽토가 풍부한 곳에서 자란다. 관상용으로 심고 식용과 약용은 물론 퇴비나 사료용으로도 쓰인다.

학명 | *Mitchella undulata* Siebold & Zucc.

대전·충청남도

호자덩굴(열매, 안면도)

좀딱취와 호자덩굴(열매, 안면도)

함께 볼 수 있어요!

쑥부쟁이(천안)

수염가래꽃(금산)

사위질빵(열매, 안면도)

바위솔(삼봉해수욕장)

이고들빼기(삼봉해수욕장)

꽃지해수욕장 일몰(안면도)

대전·충청남도

충청북도에서 만난 야생화와 풍경

충청북도 제천·충주·단양에 주로 걸쳐 있는 월악산은, '악' 자가 들어간 산은 험하다는 말처럼 바위가 많아 험준하다. 하지만 산자락의 작은 봉우리 악어봉에서 바라본 충주호의 모습이 재미있다. 월악산 자락과 충주호가 맞닿은 그곳에, 어쩌면 그렇게 자연스러운 악어 떼의 모습을 구현해낼 수 있을까 싶다. 한쪽에서는 개미취, 쑥부쟁이, 투구꽃, 산부추, 꽃향유, 구절초, 제비꽃, 현호색 등등 형형색색 야생화들이 앞다퉈 바위산을 달랜다.

2~4월

출사시기 및 장소

2월
앉은부채 · 충청북도 청주시 상당구 낭성면 이목리 76

3월
청평호 자드락길6코스(풍경) · 충청북도 제천시 수산면 다불리 산26 산마루주막 / 다불암
노랑할미꽃 · 충청북도 제천시 송학면 도화리 992-9 용두산
붉은대극 · 충청북도 괴산군 연풍면 행촌리 674-3 삼원가든 앞산

4월
깽깽이풀 · 충청북도 음성군 생극면 생리 513-2
진달래, 악어섬(풍경) · 충청북도 충주시 살미면 신당리 533
조개나물, 붉은조개나물 · 충청북도 보은군 회남면 판장리 350-5
· 충청북도 보은군 회남면 신곡리 산2-4
앵초, 흰앵초 · 충청북도 보은군 수한면 거현리 9-2 / 19
복사나무 · 충청북도 음성군 감곡면 문촌리 624 / 648 / 134-5
자작나무 · 충청북도 충주시 앙성면 지당리 46 / 산13-2 삼당소류지
미선나무 · 충청북도 영동군 영동읍 매천리 산4-4

모데미풀	• 충청북도 단양군 단양읍 천동리 산24-3 천동탐방지원센터 소백산 천동계곡 → 천동쉼터를 지나 능선에 올라서면 죽어 있는 주목이 나타나고 능선으로 오르는 나무 계단이 나타난다. 이곳에서부터 능선까지 대단위 군락
산철쭉	• 충청북도 영동군 황간면 원촌리 49-3 월류봉
자주족도리풀	• 충청북도 제천시 봉양읍 원박리 9803 박달재

충청북도

꼬부랑 할머니 허리처럼 꽃대가 휜
노랑할미꽃

뒷동산의 할미꽃, 꼬부라진 할미꽃

젊어서도 할미꽃, 늙어서도 할미꽃

하하하하 우습다, 꼬부라진 할미꽃

초등학교 때 부르던 〈할미꽃〉이라는 동요의 일부분이다. 정겨운 이름이지만 이 꽃에는 슬픈 전설이 깃들어 있다. 손녀 셋을 키워 시집을 보낸 할머니가 있었는데, 어느 날 손녀들이 보고 싶어 길을 떠났다. 부잣집으로 시집을 간 첫째는 밥 한 그릇 주고 얼른 가라고 쫓아냈고, 양반집으로 시집을 간 둘째는 말도 없이 문밖으로 할머니를 몰아냈다. 할머니는 하는 수 없이 셋째 손녀한테 가던 중 지쳐서 죽고 말았는데, 다음 해 봄 할머니가 쓰러졌던 곳에 꽃이 피었다. 할머니의 꼬부라진 허리처럼 꽃대가 구부러진 이 꽃을 사람들은 할미꽃이라고 불렀다고 한다.

할미꽃은 우리나라 전역에서 잘 자라는 들꽃으로 몇 가지 종류가 있다. 꽃이 붉게 피는 본종에 비하여 노랗게 피는 것이 노랑할미꽃이다.

본래 우리나라 고유 자생종이지만 1965년 도봉산에서 관찰된 이후로 자취를 감추어 우리나라에서 희귀한 꽃이 되었다. 2008년 월악산에서 몇 포기가 발견됐다는 보고가 있으며, 2010년경에는 충청북도 지역에서 제법 많은 개체가 발견되었다. 자생지 환경은 할미꽃과 동일하며 같은 공간에서 자생하고 있었다. 하지만 현재는 그 개체 중 1~2개만 남아 있고 나머지는 모두 훼손된 상태다. 이렇듯 오랜 기간을 기다려 발견된 종이 몇몇 사람들의 무분별한 채취로 인해 자생지가 없어지는 것은 매우 안타까운 현실이다. 최근에는 외국에서 들여온 노랑할미꽃을

학명 | *Pulsatilla koreana* f. *flava* (Y. N. Lee) W. T. Lee

화원과 식물원에서 재배, 판매하고 있다.

키는 30~40cm이며 뿌리가 굵다. 잎은 새의 깃처럼 깊게 2~5갈래로 갈라지며, 전체에 길고 하얀 털이 빽빽하게 자란다. 꽃은 4~5월에 노란색으로 피며 길이 3cm 정도이다. 잎끝에서 줄기가 올라오며 줄기 끝에 1개의 꽃이 긴 종처럼 달린다. 미나리아재비과의 여러해살이풀로, 관상용으로 심고, 뿌리는 약용으로도 쓴다. 번식력이 좋고 꽃이 오래가는 것이 특징이며, 작은 돌 틈이나 계단 틈에서도 잘 자란다.

노랑할미꽃(제천)

노랑할미꽃(제천)

함께 볼 수 있어요!

할미꽃(제천)

솜나물(제천)

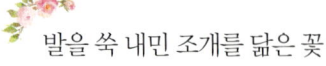

발을 쑥 내민 조개를 닮은 꽃

조개나물

꽃의 모습이 꼭 발을 내밀고 있는 조개와 비슷하게 보여서 조개나물이라는 이름이 붙었다. 이름으로 봐서는 나물 종류 같지만 독성이 있어서 먹지는 않는다. 꽃말은 '순결', '존엄'이다.

키는 30~40cm로 줄기에 긴 털이 빽빽하게 난다. 잎은 마주나는데 길이 1.5~3cm, 너비 0.7~2cm로 타원형 또는 달걀 모양이며 가장자리에 톱니가 있다. 꽃은 4월 말부터 6월에 자주색으로 피는데, 잎겨드랑이에서 뭉쳐서 위로 올라가며 달리고 통 모양이다. 꽃부리는 입술 모양이고 꽃잎 뒤쪽에는 작은 털이 나 있다. 열매는 7~8월경에 납작하고 둥근 모양으로 달린다.

꿀풀과에 속하는 여러해살이풀로 양지의 토양이 비교적 메마른 곳, 특히 묘지 주변이나 잔디가 많은 곳에서 잘 자란다. 제주도를 제외한 우리나라 전역과 중국 우수리강과 아무르강 유역에 분포한다. 관상용으로 쓰이며, 잎과 줄기 및 뿌리는 약용으로 쓰인다.

학명 | *Ajuga multiflora* Bunge

조개나물(보은)

함께 볼 수 있어요!

붉은조개나물(보은)

흰조개나물(보은)

진달래(악어봉)

앵두꽃처럼 예쁜 꽃이 피는
앵초

꽃이 앵두나무의 꽃과 비슷하게 생겼다고 해서 앵초라고 부르며 **우취란화**, **깨풀**, **연앵초**라고도 한다. 앵초는 오랜 옛날부터 여러 나라에서 약초와 향신료로 다양하게 사용되어 왔던 덕에 별칭도 많다. 영국에서는 '베드로의 꽃', 스웨덴에서는 '오월의 열쇠', 프랑스에서는 '첫 장미', 독일에서는 '열쇠 꽃', 이탈리아에서는 '봄에 피는 첫 꽃'이라고 한다. 또 영어로는 '카우스립(cowslip)'으로 소똥이란 뜻인데, 이는 소가 똥을 눈 곳에서 잘 피기 때문에 붙여졌다. 앵초의 꽃말은 '행복의 열쇠' 또는 '가련'이다. 앵초와 비슷한 원예품종의 꽃들이 다양하게 시중에 나와 있는데, 특히 프리뮬러 종류가 많이 개량되어 판매되고 있다. 프리뮬러는 앵초의 학명이기도 하다.

키는 10~25cm이다. 잎은 타원형이며 길이 4~10cm, 너비 3~6cm로 뿌리에 모여 있다. 잎에는 가는 털이 있고 표면에 주름이 많으며 가장자리가 얕게 갈라진다. 꽃은 홍자색으로 4월에 피며 줄기 끝에 7~20개의 꽃이 옆으로 펼쳐지듯 달린다. 열매는 8월경에 둥글게 맺는데, 지름은 0.5cm 정도이다.

앵초과에 속하는 여러해살이풀로, 어린순은 식용, 뿌리를 포함한 전초는 약용으로 쓰이며 관상용으로도 쓰인다. 산지의 배수가 잘되고 비옥한 토양의 반그늘에서 잘 자라며 우리나라와 일본, 중국 동북부, 시베리아 동부에 분포한다. 일본에서는 앵초의 자생지를 천연기념물로 지정하여 보호하고 있다.

학명 | *Primula sieboldii* E. Morren

앵초와 흰앵초(보은)

앵초(보은)

흰앵초(보은)

함께 볼 수 있어요!

자주족도리풀(제천 박달재)

붉은대극(괴산)

월류봉

충청북도

5~6월

출사시기 및 장소

5월

꽃	장소
자주족도리풀, 금붓꽃, 각시붓꽃, 홀아비바람꽃, 풀솜대, 피나물	• 충청북도 괴산군 청천면 신월리 산9-8 금단산
애기송이풀, 금붓꽃, 회리바람꽃, 개족도리풀, 줄딸기	• 충청북도 제천시 백운면 덕동리 74-1 까망펜션 앞 계곡 건너편
광릉골무꽃(흰색)	• 충청북도 청주시 상당구 문의면 덕유리 474-14
국화방망이	• 충청북도 단양군 단양읍 천동리 산24-3 소백산 천동리 천동쉼터 부근
나도제비란	• 충청북도 단양군 단양읍 천동리 산9-1 소백산 천동쉼터

6월

꽃	장소
나도수정초, 민백미꽃	• 충청북도 단양군 단성면 벌천리 15-1 벌재
넓은잎잠자리란, 자란초, 나도수정초	• 충청북도 영동군 상촌면 물한리 938 물한계곡 / 민주지산
병아리난초	• 충청북도 영동군 심천면 고당리 산74-4 옥계폭포
꼬리진달래	• 충청북도 괴산군 청천면 삼송리 산24 대야산과 중대봉 사이 • 충청북도 괴산군 연풍면 원풍리 207 연화봉 / 할미봉 • 충청북도 제천시 수산면 괴곡리 2 옥순봉

학명 | *Scutellaria insignis* Nakai

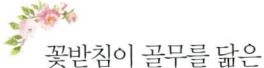
꽃받침이 골무를 닮은

광릉골무꽃

골무는 바느질할 때 편하도록 손가락 끝에 끼워 쓰는 도구이다. 이 식물은 꽃받침의 모양이 골무를 닮아서 골무꽃이라는 이름이 붙었으며, 광릉은 처음 발견된 지역의 이름이다. 숲골무꽃 또는 광릉골무라고도 한다.

키는 40~70cm이다. 잎은 마주나고 표면에는 털이 있지만 뒷면에는 없으며, 길이 4~10cm, 너비 1.2~4.5cm이고 가장자리에 굵은 톱니가 있다. 꽃은 연한 하늘색으로 피며 아래쪽에는 자주색 점이 있다. 꽃의 길이는 약 3.5cm이고 겉에 털이 있으며 꽃 윗부분이 방패 모양인 것이 특이하다. 열매는 9월경에 달리고 꽃받침에 둘러싸여 있다.

우리나라 중부 이남의 산지에서 자라는 여러해살이풀로, 반그늘 혹은 양지쪽의 물 빠짐이 좋은 곳에서 잘 자란다. 어린순은 향기가 있어 나물로 먹으면 좋고, 뿌리는 약재로도 사용한다.

광릉골무꽃(흰색, 청남대)

광릉골무꽃(흰색, 청남대)

함께 볼 수 있어요!

은난초(청남대)

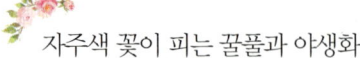
자주색 꽃이 피는 꿀풀과 야생화

자란초

자란초(紫蘭草)라는 한자를 풀어 보면 '자주색 난초'라는 뜻이다. 그러나 난초과에 속하는 것은 아니고 꿀풀과 속한다. 그럼에도 당당히 난초라는 이름을 가진 것을 보면 그 우아함과 품위가 남다름을 짐작할 수 있다. 학명은 아주가 스펙타빌리스(*Ajuga spectabilis*)로 화려하다는 뜻을 포함하고 있다. **큰잎조개나물**, **자난초**라고도 한다.

자란초는 잎이 독특하다. 길이는 17cm 정도로 큰 편이 아니나 너비는 9cm 정도나 된다. 어긋나기하는데, 위의 잎이 아래 잎보다 더 큰 것이 특징이다. 표면과 뒷면 맥 위에 털이 약간 있으며 가장자리에 불규칙한 톱니와 털이 나 있다.

키는 약 50cm이다. 땅속줄기가 옆으로 벋으면서 자라고, 줄기는 곧게 서며 털이 거의 없다. 꽃은 5~6월에 줄기 끝 또는 잎자루에 붙어 핀다. 꽃 색깔은 자주색이며 길이 약 3cm 정도이다. 꽃받침은 종처럼 생겼으며 5갈래로 갈라진다. 열매는 8월경에 달리는데, 둥글고 주름이 있다.

꿀풀과에 속하는 여러해살이풀로 반그늘이나 양지의 부엽토가 풍부한 나무 아래에서 잘 자란다. 우리나라 특산식물로 중부 이남의 산지에서 자란다, 특히 전라남도 백양산과 전라북도 내장산, 경상남도 가야산, 강원도 공작산 등 해발 500m 이상 되는 고산지대에 분포한다. 주로 관상용으로 쓰이며 드물게 약용으로도 사용된다.

학명 | *Ajuga spectabilis* Nakai

자란초(민주지산)

함께 볼 수 있어요!

돌양지꽃(괴산 연풍면)

꼬리진달래(괴산 연풍면)

출사시기 및 장소

7월

순채	• 충청북도 제천시 봉양읍 미당리 211-1 제천시농업기술센타 • 충청북도 제천시 모산동 396-1 홍광초등학교
꼬리진달래	• 충청북도 단양군 대강면 직티리 354-32 도락산
솔나리(흰색)	• 충청북도 괴산군 연풍면 분지리 112 이만봉
땅나리	• 충청북도 괴산군 연풍면 적석리 284-3 청수휴게소
수옥폭포(풍경)	• 충청북도 괴산군 연풍면 원풍리 145-1
참나리	• 충청북도 영동군 황간면 원촌리 111 월류봉
병아리풀	• 충청북도 옥천군 군북면 국원리 산26-1
구상난풀	• 충청북도 옥천군 군북면 추소리 470-1
어저귀	• 충청북도 옥천군 군북면 석호리 255-1 청풍정
범부채	• 충청북도 옥천군 군북면 대정리 100-10 충청북도교육청 수생식물학습원
소경불알, 왕과	• 충청북도 청원군 낭성면 이목리 100-2 이목순복음교회
왕과	• 충청북도 충주시 금가면 하담리 425 하강서원
참나리	• 충청북도 영동군 황간면 원촌리 111 월류봉
세포큰조롱	• 충청북도 영동군 심천면 금정리 300-1 • 충청북도 보은군 내북면 도원리 136-1 도원저수지집

8월

뻐꾹나리(흰색)
- 충청북도 옥천군 동이면 석탄리 123
- 충청북도 옥천군 안내면 인포리 산38-19
- 충청북도 옥천군 안내면 장계리 78-10

왕과
- 충청북도 보은군 수한면 동정리 366-1

9월

분홍장구채
- 충청북도 옥천군 군서면 상중리 산48 구절사

꽃며느리밥풀(흰색), 까치깨, 수정난풀
- 충청북도 영동군 양산면 가선리 3-1 갈기산

미색물봉선
- 충청북도 옥천군 안내면 인포리 산38-19

단양쑥부쟁이
- 충청북도 단양군 적성면 상리 256 감골바람개비마을

'왕오이'보다 '쥐참외'가 어울리는
왕과

왕과의 한자명은 '王瓜', 영어명은 'King cucumber'이다. 그래서 열매가 클 것으로 생각하기 십상이지만, 실제로는 열매 크기가 계란만 하여 **쥐참외**라고도 불린다.

인가의 밭둑이나 담장에 붙어서 줄기를 뻗으면서 자란다. 생육 환경이 사람의 손에 닿기 쉬운 곳이기 때문에 훼손될 가능성 또한 높은 편이다. 그래서인지 현재 남아 있는 개체수가 매우 적으며, 자생지가 전국에 걸쳐 1~2군데에 불과하다.

덩굴성 식물로 길이 2~3m까지 자란다. 줄기는 전체에 밑을 향한 가시털이 있고 줄기는 모가 졌다. 뿌리는 덩이줄기로 감자 모양이다. 잎은 어긋나고 넓은 달걀형의 심장 모양으로 길이 5~10cm, 너비 4~9cm이며 끝은 뾰족하다. 잎자루는 길고, 얕게 갈라져 손바닥 모양을 하고 있으며, 밑은 얕은 심장 모양으로 가장자리에 톱니가 있다. 꽃은 암수딴그루이며 지름 3~4cm 크기의 노란색으로 달린다. 원통과 같은 종 모양이고 끝이 5갈래로 갈라지며 뒤로 젖혀진다. 열매는 과육과 액즙이 많고 속에 씨가 들어 있으며 길이 4~5cm, 너비 3cm 정도이다.

우리나라, 중국 등지에 분포한다.

학명 | *Thladiantha dubia* Bunge

왕과(청원)

함께 볼 수 있어요!

회목나무(이만봉)

참나리(월류봉)

솔나리(흰색, 이만봉)

소경불알(청원)

어저귀(옥천)

뻐꾸기의 가슴 깃털 무늬를 닮은
흰뻐꾹나리

뻐꾹나리라는 이름은 꽃잎의 가로무늬가 뻐꾸기의 가슴 깃털 무늬를 닮은 것에서 유래되었다는 설이 있다. 나리의 한 종류이지만 꽃이 유난히 독특하며 전체적인 모양은 꼴뚜기를 연상케 한다. 꽃잎에는 자주색 반점이 가득하고, 6개로 갈라지면서 뒤로 말리는데 그 사이에서 수술과 암술이 올라와서 한껏 멋을 낸 모습이 특이하면서도 아름답다.

흰뻐꾹나리는 꽃이 뻐꾹나리와 똑같이 생겼지만 꽃잎에 자주색 반점 무늬가 없이 하얀색으로 피는 점이 다르다.

키는 50cm 정도이다. 땅속줄기는 수직으로 들어가며 마디에 잔뿌리를 내고 때로는 옆으로 기는 가지를 뻗는다. 잎은 마주나며 아랫부분에 있는 잎은 원줄기를 감싼다. 잎의 크기는 길이 5~15cm, 너비 2~7cm로 넓은 달걀 모양이며 가장자리는 밋밋하다. 꽃은 7월에 줄기 끝에 몇 송이씩 무리를 지어 피며, 크기는 지름이 1.5cm 내외이다. 꽃덮개조각은 6개이며, 수술은 6개, 암술은 2번이나 갈라진다. 열매는 약 3cm 길이의 피침 모양으로 여러 개의 씨방으로 구성되어 익는다.

백합과에 속하는 여러해살이풀로 우리나라와 중국, 일본 등지에 분포한다. 주로 숲에서 자라며 어린순은 나물로 먹는다. 관상용으로도 이용된다.

학명 | 미기록종

흰뻐꾹나리(옥천)

흰뻐꾹나리(옥천)

함께 볼 수 있어요!

무릇(영동)

병아리풀(옥천)

세포큰조롱(영동)

좀나무싸리버섯(옥천)

봉선화보다 오래된 자생종

미색물봉선

봉선화를 닮아서 물봉선이라는 이름을 얻었으며, **담화물봉숭아**라고도 불린다. 재미있는 것은 봉선화는 인도, 동남아시아 원산의 외래종이고, 우리나라 자생종은 물봉선이라는 점이다. 그렇다 해도 봉선화 역시 오랫동안 이 땅에서 함께 지내 온 꽃임은 틀림없다. 물봉선은 꽃의 색에 따라 노랑물봉선, 흰물봉선, 가야물봉선 등이 있다.

노랑물봉선의 키는 60cm 내외이다. 줄기는 곧게 서고 육질이며 많은 가지가 갈라지고 마디가 굵다. 잎은 약간 길쭉한 달걀 모양이고 가장자리에는 톱니가 있으며 길이는 6~15cm 정도이다. 꽃은 8~9월에 미색으로 핀다. 꽃자루가 길게 뻗어 있으며, 자주색 반점이 있다. 또 끝이 안으로 말리고 아랫부분에 붉은 표면의 털과 작은 포엽이 있다. 여러 개의 씨방으로 된 열매는 뾰족하며 길이가 1~2cm이다. 열매가 익으면서 팥알 모양의 씨앗이 쉽게 튀어나간다.

우리나라 각처의 산이나 들에서 자라는 한해살이풀로, 습기가 많은 곳이나 계곡 근처의 물이 빨리 흐르지 않는 곳에서 피어난다.

학명 | *Impatiens nolitangere* var. *pallescens* Nakai

미색물봉선(옥천)

함께 볼 수 있어요!

닭의덩굴
(옥천)

이삭여뀌 (옥천)

10월

	출사시기 및 장소
구절초, 대청호 일출(풍경)	• 충청북도 옥천군 동이면 석탄리 산51-5 / 수북리 41-4 옥천취수탑
가는잎향유	• 충청북도 괴산군 연풍면 원풍리 207 / 168 연풍레포츠공원 / 141-2 수옥폭포 / 132-5 말용초폭포 / 주진리 산1-1 이화령 휴게소가 보이는 좌측 바위 위
쑥부쟁이	• 충청북도 단양군 매포읍 하괴리 86-29 도담삼봉 앞
도마령 단풍(풍경)	• 충청북도 영동군 용화면 조동리 산4-127 도마령 전망대
좀바위솔	• 충청북도 옥천군 군북면 석호리 255-4
바위솔	• 충청북도 영동군 영동읍 설계리 54 영동대학교 (창조관 뒤 바위) • 충청북도 영동군 영동읍 심원리 129 (논바위 위) / 709-1 (맞은편 정자 뒤편 바위 끝자락)
산부추, 바위솔	• 충청북도 영동군 황간면 원촌리 121
일출과 운해(풍경)	• 충청북도 옥천군 옥천읍 삼청리 산51-4 용암사
은행나무 숲길(풍경)	• 충청북도 괴산군 문광면 양곡리 75 문광저수지
충주호 리아시스(풍경)	• 충청북도 충주시 살미면 신당리 533
청남대 단풍(풍경)	• 충청북도 청원군 문의면 신대리 171-2
월류봉 단풍(풍경)	• 충청북도 영동군 황간면 원촌리 50-1

11월

강선대 단풍(풍경)	• 충청북도 영동군 양산면 봉곡리 407 / 437-3
단풍나무 가로수길(풍경)	• 충청북도 영동군 양산면 송호리 411-18
영국사 은행나무(풍경)	• 충청북도 영동군 양산면 누교리 1397 / 1395-1 천태산
수두리 세월교(풍경)	• 충청북도 영동군 양산면 수두리 321
자풍서당(풍경)	• 충청북도 영동군 양강면 두평리 561
상춘정(풍경)	• 충청북도 옥천군 청성면 산계리 산20-7
단풍과 일출(풍경)	• 충청북도 옥천군 청산면 교평리 156-4

충청북도

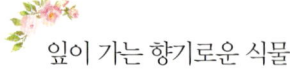 잎이 가는 향기로운 식물
가는잎향유

　다른 향유 식물들보다 잎이 가늘고 길어 가는잎향유라고 불린다. 향유 종류는 특유의 향기를 가지고 있는데, 가는잎향유 역시 짙은 보라색 꽃이 군락을 이루면서 아름다운 향기를 주변에 퍼뜨린다. **가는향유, 애기향유**라고도 불린다.

　키는 50cm 정도이다. 줄기는 사각형이고 굽은 털이 줄지어 나 있다. 잎은 마주나고 길이는 2~7cm, 너비는 0.2~0.5cm로 배와 같은 모양을 하고 있으며 표면에는 털이 조금 나 있다. 꽃은 마치 이삭과 같은 모양으로 9~10월에 핀다. 연한 홍색이며 길이는 2.5~5cm, 너비는 1cm 정도로 원줄기 끝과 가지 끝에서 한쪽으로 치우쳐 빽빽하게 달린다. 열매는 11월경에 맺는데 크기는 아주 작다.

　충청북도 속리산, 경상북도 조령산 일대에 분포하며, 반그늘 혹은 양지의 돌 틈과 풀숲에서 자란다. 흔하게 자라는 향유와는 달리 아주 한정적인 곳에서만 자라므로 우리나라 특산식물로 취급하지만 평양에서도 자라고, 중국에서도 비슷한 식물이 살고 있다고 한다.

　꿀풀과에 속하는 한해살이풀로, 관상용으로 쓰이며 전초는 약재로 사용한다. 또한 다른 향유들처럼 밀원식물(벌이 꿀을 빨아 오는 원천이 되는 식물)로도 이용된다.

학명 | *Elsholtzia angustifolia* (Loes.) Kitag.

가는잎향유(괴산 깃대봉)

가는잎향유(괴산 할미봉)

가는잎향유(수옥폭포)

가는잎향유(수옥폭포)

산에서 나는 식용 부추
산부추

부추를 정구지라고도 부르는데 이는 본래 경상도 사투리였던 것으로 생각되나 요즘은 표준어로도 사용된다. 일설에는 정구지라는 말이 '정을 굳히는 나물'이라는 의미라고도 한다. 전라도에서는 솔 또는 소풀, 충청도에서는 졸, 제주도에서는 쇠우리라고도 부른다. 이렇듯 지방마다 다양한 이름으로 불리는 이유는 그만큼 이 식물이 많이 사용된다는 것을 의미한다.

키는 30~60cm이다. 비늘줄기는 가늘고 긴 달걀 모양으로 끝이 뾰족하며 길이는 2cm 안팎이다. 밑부분과 더불어 마른 잎집으로 싸이며 바깥 조각은 잿빛을 띤 흰색이고 두껍다. 잎은 2~6개가 비스듬히 서고 둔한 삼각형이며 길이는 20~54cm, 너비는 0.2~0.7cm이다. 꽃은 산형꽃차례를 이루며 8~11월에 붉은빛을 띤 자주색으로 핀다. 꽃자루는 속이 비어 있으며 길이는 1~1.5cm이다. 포엽은 넓은 달걀 모양이고, 꽃덮개조각은 6개로 넓은 타원형이며 끝이 둥글다. 수술은 6개이고 꽃덮개보다 길다. 씨방 밑동에는 꿀주머니가 있으며, 꽃밥은 자주색이다. 열매는 여러 개의 씨방으로 이루어져 있다.

산이나 들에서 자라는 백합과의 여러해살이풀로 우리나라가 원산지이며 일본, 중국, 타이완 등지에 분포한다.

채소로 많이 재배되며 우리가 먹는 부추는 조선부추를 개량한 그린벨트 품종이다. 비늘줄기와 어린순, 어린잎을 식용하는데, 독특한 향과 알싸한 매운 맛이 입맛을 돋우는 역할을 한다. 생채는 물론 장아찌, 김치, 부침개 등으로 다양하게 요리할 수 있으며 연한 잎은 조림이나 수프, 샐러드로도 사용된다. 민간에서는 비늘줄기를 이뇨제, 강장제 등으로 약용하며, 한방에서는 씨앗을 구자라고 해서 약재로 사용한다. 원기를 돋우는 식품으로 유명해서 '첫물 정구지는 아들에게도 주지 않고 신랑에게만 준다'는 속담도 있으며 사찰에서는 금하는 채소이다.

학명 | *Allium thunbergii* G.Don

산부추(영동 월류봉)

산부추(월류봉)

산부추(흰색, 월류봉)

함께 볼 수 있어요!

바위솔(영동)

바위솔(월류봉)

구절초(월류봉)

찔레꽃(열매, 월류봉)

월류봉 단풍

악어섬 단풍(충주)

충청북도

장령산 운해(옥천)